U0378002

SolidWorks 2021

产品设计标准教程

实战微课版

詹建新　魏向京◎主编
成晓军◎副主编

清華大學出版社
北京

内 容 简 介

全书共11章，包括SolidWorks 2021操作基础、基本建模命令、编辑命令、修饰命令、参数式零件设计、装配体设计、工程图设计、钣金设计入门、运动仿真入门、综合实例、SolidWorks第三方插件简介，其中，第三方插件和设计库方面的内容是本书特有的内容。

本书以短小的实例为基础，将SolidWorks的基本命令穿插进实例中，深入浅出，并为每个实例录制了操作视频，引导读者快速掌握SolidWorks软件的应用。

本书编者根据多年的教学体会，结合机械公司一线岗位工作的经验，所选案例丰富，重点突出，具有很强的实用性。

本书既可作为理工类本科院校、高职高专院校机械专业学生的教材，也可作为培训机构的教材，还可作为工程师自学的参考书。读者学完本书之后，能够独立进行产品设计，也能运用SolidWorks第三方插件设计标准件，并能制作机械动画。

图书在版编目（CIP）数据

SolidWorks 2021 产品设计标准教程：实战微课版 / 詹建新，魏向京主编 . —北京：清华大学出版社，2022.6

（清华电脑学堂）

ISBN 978-7-302-60664-2

Ⅰ . ① S… Ⅱ . ①詹…②魏… Ⅲ . ①产品设计－计算机辅助设计－应用软件－教材 Ⅳ . ① TB472-39

中国版本图书馆 CIP 数据核字 (2022) 第 068387 号

责任编辑：袁金敏
封面设计：杨玉兰
责任校对：徐俊伟
责任印制：曹婉颖

出版发行：清华大学出版社
    网 址：http：//www.tup.com.cn，http：//www.wqbook.com
    地 址：北京清华大学学研大厦 A 座   邮 编：100084
    社 总 机：010-83470000   邮 购：010-62786544
    投稿与读者服务：010-62776969，c-service@tup.tsinghua.edu.cn
    质 量 反 馈：010-62772015，zhiliang@tup.tsinghua.edu.cn
印 装 者：北京嘉实印刷有限公司
经 销：全国新华书店
开 本：185mm×260mm   印 张：16.5   字 数：363 千字
版 次：2022 年 7 月第 1 版   印 次：2022 年 7 月第 1 次印刷
定 价：69.80 元

产品编号：096153-01

· 前言 ·

在进行机械设计时，常常需要使用标准件，如螺栓、齿轮、链轮、凸轮、轴承、马达、油缸等，由于SolidWorks软件的图库中含有这些标准件的3D模型，在运用SolidWorks进行机械设计时，可以调用SolidWorks的设计库，直接输入这些标准件的参数，就能得到不同标准件的3D模型，非常方便。

SolidWorks 2021软件的图库中只含有少量标准件的3D模型，更多的标准件3D模型由第三方插件公司提供。目前，插件公司对SolidWorks已开发了多种第三方插件，如今日制造、凯元工具、沐风工具箱、齿轮插件等，这些第三方插件里面含有丰富的标准件，可以轻易地创建各种标准件的3D模型。另外，应用SolidWorks对机械结构进行运动仿真时，操作过程非常简单。因此，与UG、Creo等软件相比，SolidWorks更适合进行机械设计。

在目前已出版发行的SolidWorks类图书中，没有系统介绍过今日制造、凯元工具、沐风工具箱、齿轮插件等第三方插件，不少从事机械设计的学生和工程师希望找到一本关于第三方插件方面的书籍。为此，编者针对这些实际情况，搜索了许多参考书和工厂的实际案例，并收录在本书中。

全书共11章，包括SolidWorks操作基础、基本建模命令、编辑命令、修饰命令、参数式零件设计、装配体设计、工程图设计、钣金设计入门、运动仿真入门、综合实例、SolidWorks第三方插件简介。在各章里详细讲述了零件建模的操作过程，读者学完这些内容之后，能够独立设计产品。

本书中所有的实例都是编者精心挑选出来的，非常实用，所有操作过程都经过了上机验证。本书由广东省华立技师学院詹建新、重庆三峡职业学院魏向京、成晓军联合编写，其中，第1～6章由重庆三峡职业学院魏向京编写，第7～9章由重庆三峡职业学院成晓军编写，第10～11章由广东省华立技师学院詹建新编写，全书由詹建新定稿。

尽管编者在编写本书的过程中付出了非常多的精力和心血，但由于经验不足，书中难免存在缺陷和疏漏，敬请广大读者批评指正。

编者
2022年4月

·目录·

第6章 装配体设计

第7章 工程图设计

第8章 钣金设计入门

第9章　运动仿真入门

第10章　综合实例

第11章　SolidWorks第三方插件简介

第1章
SolidWorks 2021操作基础

1.1 SolidWorks 2021工作界面

SolidWorks 2021工作界面包括标签栏、下拉菜单栏、命令按钮栏、视图工具栏、工具按钮栏、设计树、工作类型栏、辅助工具栏、工作区、任务窗格等，如图1-1所示。

图1-1　SolidWorks2021工作界面

（1）标签栏。列出SolidWorks工作的几大类型，包括特征、草图、标注、评估等，如果安装了外挂插件，插件的名称也在标签栏中。

（2）下拉菜单栏。包含创建、保存、修改模型和设置SolidWorks环境的一些命令。在此区域可以找到SolidWorks大多数的命令。

（3）命令按钮栏。对于SolidWorks的常用命令，以快捷按钮的形式排布在工作区的上方，方便用户使用。

（4）视图工具栏。用于调整三维模型的显示方式。

（5）工具按钮栏。可以根据具体的情况订制工具栏，可以为用户快速使用命令及设置工作环境提供极大的方便。

（6）设计树。列出了活动文件中的所有零件、特征以及基准和坐标系等，并以树的形式显示模型结构。通过设计树可以方便地查看及修改模型。

（7）工作类型栏。主要用于显示SolidWorks当前的工作环境。

（8）辅助工具栏。用于选取过滤图素的类型和图形捕捉。

（9）工作区。用于绘制零件图、草绘图等。

（10）任务窗格。包括SolidWorks资源、设计库、文件探索器、视图调色板、外观、布局和贴图、自定义属性等功能，通过任务窗格可以更方便快捷地利用SolidWorks进行工程设计。

1.2 SolidWorks 2021常用草图绘制命令按钮

SolidWorks 2021常用的草图绘制命令按钮主要有直线、矩形、直槽口、圆、三点圆弧、多边形、样条曲线、椭圆、绘制圆角、文本、点、剪裁实体（T）、转换实体引用、等距实体、镜向实体、线性草图阵列、显示/删除几何关系等，如图1-2所示。

图1-2　常用的草图绘制命令按钮

（1）"直线"按钮：用于绘制直线，下面有3个选项，分别是直线、中心线和中点线，如图1-3所示。

（2）"矩形"按钮：用于绘制矩形，下面有5个选项，分别是边角矩形、中心矩形、3点边角矩形、3点中心矩形和平行四边形，如图1-4所示。

（3）"直槽口"按钮：用于两端为圆弧的四边形，下面有4个选项，分别是直槽口、中心点直槽口、三点圆弧槽口、中心点圆弧槽口，如图1-5所示。

（4）"圆"按钮：用于绘制圆，下面有两个选项，分别是圆、周边圆，如图1-6所示。

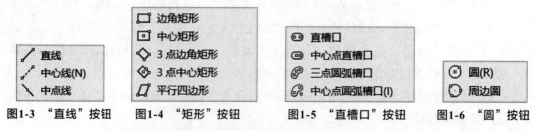

图1-3　"直线"按钮　　　图1-4　"矩形"按钮　　　图1-5　"直槽口"按钮　　　图1-6　"圆"按钮

（5）"三点圆弧"按钮，用于绘制圆弧，下面有3个选项，分别是圆心/起/终点画弧、切线弧和3点圆弧，如图1-7所示。

（6）"多边形"按钮⬡：用于绘制多边形。

（7）"样条曲线"按钮∿：用于绘制样条曲线，下面有3个选项，分别是样条曲线、样式样条曲线、方程式驱动的曲线，如图1-8所示。

（8）"椭圆"按钮⬭：用于绘制椭圆，下面有4个选项，分别是椭圆、部分椭圆、抛物线、圆锥，如图1-9所示。

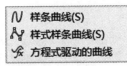

图1-7　"画弧"按钮　　　图1-8　"曲线"按钮 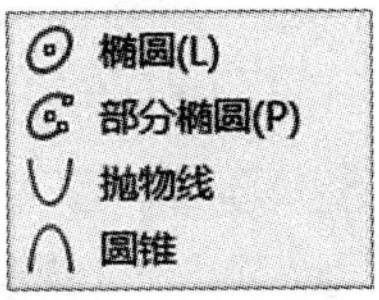　　　图1-9　"椭圆"按钮

（9）"绘制圆角"按钮⌐：用于绘制圆角或倒角，下面有两个选项，分别是绘制圆角和绘制倒角，如图1-10所示。

（10）"文本"按钮🅰：用于创建文本。

（11）"点"按钮▣：用于绘制点。

（12）"裁剪实体"按钮⧓：用于裁剪实体，下面有两个选项，分别是剪裁实体和延伸实体，如图1-11所示。

图1-10　"绘制圆角"按钮 　　图1-11　"裁剪实体"按钮

（13）"转换实体引用"按钮⬡：用于将实体的边线转化为草绘曲线，下面有3个选项，分别是转换实体引用、侧影实体、交叉曲线，如图1-12所示。

（14）"等距实体"按钮⊏：用于将实体边线偏移，产生一条曲线。

（15）"镜像实体"按钮⊨：用于将草绘曲线沿指定的中心线镜像而形成一条新的曲线。

（16）"线性草图阵列"按钮▦：用于将草图曲线进行阵列，下面有两个选项，分别是线性草图阵列和圆周草图阵列，如图1-13所示。

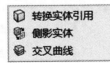

图1-12　"转换实体引用"按钮 　　图1-13　"线性草图阵列"按钮

（17）"显示/删除几何关系"按钮⊥：用于显示或隐藏几何关系标识，也可以删除两个图素之间的几何关系，或者在两个图素之间添加几何关系。下面有两个选项，分别是显示/删除几何关系和添加几何关系，如图1-14所示。

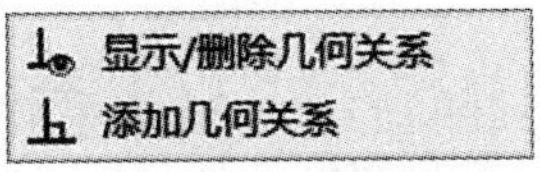

图1-14　"显示/删除几何关系"按钮

1.3 SolidWorks 2021常用建模命令按钮

SolidWorks 2021常用的建模命令按钮主要有拉伸凸台/基体、旋转凸台/基体、扫描、放样凸台/基体、边界凸台/基体、拉伸切除、异型孔向导、旋转切除、扫描切除、放样切割、边界切除、圆角、线性阵列、筋、拔模、抽壳、包覆、相交、镜向、参考、曲线等，如图1-15所示。

图1-15 常用建模命令按钮

（1）"异型孔向导"按钮：下面有3个选项，分别是异型孔向导、高级孔、螺纹线，如图1-16所示。

（2）"圆角"按钮：下面有两个选项，分别是圆角、倒角，如图1-17所示。

（3）"线性阵列"按钮：下面有8个选项，分别是线性阵列、圆周阵列、镜向、曲线驱动的阵列、草图驱动的阵列、表格驱动的阵列、填充阵列、变量阵列，如图1-18所示。

（4）"参考"按钮：下面有7个选项，分别是基准面、基准轴、坐标系、点、质心、边界框、配合参考等，如图1-19所示。

（5）"曲线"按钮：下面有6个选项，分别是分割线、投影曲线、组合曲线、通过XYZ点的曲线、通过参考点的曲线、螺旋线/涡状线，如图1-20所示。

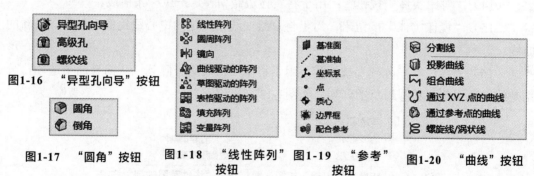

图1-16 "异型孔向导"按钮
图1-17 "圆角"按钮
图1-18 "线性阵列"按钮
图1-19 "参考"按钮
图1-20 "曲线"按钮

1.4 更改SolidWorks单位的方法

SolidWorks是由美国一家公司开发的一种3D造型软件，默认的单位是"英寸"，在使用SolidWorks设计产品时，应先将单位改为"毫米"，具体步骤如下。

（1）启动SolidWorks 2021，暂时不要新建或打开SolidWorks 2021文档，在工具按

钮栏中单击"齿轮"按钮，在弹出的列表中选择"选项"按钮，如图1-21所示。

图1-21　选择"选项"

（2）在弹出的"系统选项"对话框中选择"默认模板"选项，单击"…"按钮，将默认模板设置为gb_part，选择"总是使用这些默认的文件模板"单选按钮，如图1-22所示。

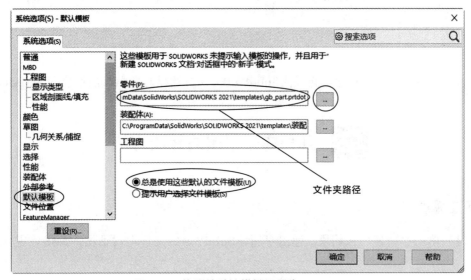

图1-22　将零件默认模板设置为gb_part

（3）将C:\ProgramData\SolidWorks\SOLIDWORKS 2021\templates\gb_part.prtdot复制到安装目录。（不同的计算机文件夹的具体路径可能不同，具体路径如图1-22所示。）

（4）重新启动SolidWorks 2021，单击"新建"按钮，进入建模环境。

（5）在工作区的右下角单击"自定义"按钮，在弹出的列表中选择"MMGS（毫米、克、秒）"，如图1-23所示。

图1-23　选择MMGS

（6）在工作区的工具按钮栏上方单击"齿轮"按钮，选择"选项"命令，在弹出的对话框中打开"文档属性"选项卡，选择"单位"后再选择"MMGS（毫米、克、秒）"单选按钮，如图1-24所示。

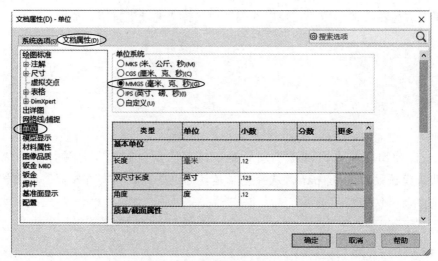

图1-24　设定单位为MMGS

（7）单击"确定"按钮，再使用SolidWorks 2021建模时所默认的单位即为MMGS。

1.5 几种典型草图的标注方法

1．标注弧长

（1）单击"新建"按钮📄，弹出"新建SolidWorks文件"对话框，单击"零件"按钮🧊。

（2）选择上视基准面，在弹出的快捷按钮框中单击"正视于"按钮📐。

（3）再次选择上视基准面，在弹出的快捷按钮框中单击"草图绘制"按钮📝，在命令按钮栏中单击"三点圆弧"按钮🎯，任意绘制一个圆弧，如图1-5所示。

（4）在命令按钮栏中单击"智能尺寸"按钮💢，选择"端点A→弧→端点B"，或者选择"端点A→端点B→弧"，即可标注圆弧的长度，如图1-25所示。

2．标注直线到圆的边距

（1）任意绘制一条直线和一个圆，如图1-26所示。

（2）在命令按钮栏中单击"智能尺寸"按钮💢，先选择直线，然后按住Shift键，再选择圆，光标靠近圆近端，可标注最短距离，光标靠近圆远端，可标注最大距离，如图1-26所示。

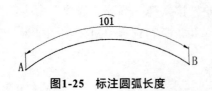

图1-25　标注圆弧长度

图1-26　标注直线到圆的距离

3．标注腰形槽长度

（1）在命令按钮栏中单击"腰形槽"按钮，如图1-27所示。

（2）任意绘制一个腰形槽，如图1-28所示。

图1-27　单击"腰形槽"按钮

图1-28　绘制腰形槽

（3）在命令按钮栏中单击"智能尺寸"按钮，标注两个圆心之间的距离，如图1-29所示。

（4）先选择尺寸标注，再在"尺寸"属性管理器中单击"引线"按钮，在"圆弧条件"栏中，"第一圆弧条件"选择"最大"，"第二圆弧条件"选择"最大"，如图1-30所示。

（5）单击"确定"按钮，即可标注腰形槽的最大尺寸，如图1-31所示。

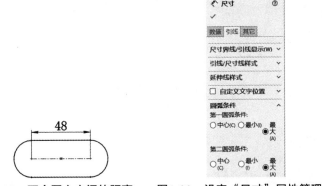

图1-29　两个圆心之间的距离　　图1-30　设定"尺寸"属性管理器

图1-31　标注最大尺寸

1.6　切换视角的快捷方法

合理运用快捷键，可以快速切换视角，切换视角的快捷键如表1-1所示。

表 1-1　切换视角的快捷键

视　角	快捷键	视　角	快捷键
前视	Ctrl+1	后视	Ctrl+2
左视	Ctrl+3	右视	Ctrl+4
上视	Ctrl+5	下视	Ctrl+6
等轴测	Ctrl+7	正视于	Ctrl+8

1.7 操作屏幕的快捷键

为了更好地观察图形，有时需要对图形进行放大、缩小、平移或旋转等操作，此时只改变视图的方位，不会改变图形中对象的位置或比例。屏幕快捷操作方式如表1-2所示。

表 1-2 屏幕操作快捷键

操　　作	快　捷　键	操　　作	快　捷　键
缩小	Z	平移	Ctrl+ 方向键
放大	Shift+Z	旋转 90°	Shift+ 方向键
整屏显示	F	顺时针或逆时针	Alt+ 方向键
旋转	方向键	上一视图	Ctrl+ Shift+Z

第2章
基本建模命令

本章以几个简单的零件为例，将SolidWorks 2021建模的基本命令（如草绘、拉伸、包覆、螺旋线、扭曲、约束等）穿插到具体的案例中进行讲解，有助于读者加深对这些命令的理解。

2.1 草绘基础：创建凸模

本节通过创建一个简单的零件，如图2-1所示，讲述SolidWorks草绘和约束的使用方法。

1．新建文件

（1）单击"新建"按钮，弹出"新建SolidWorks文件"对话框，单击"零件"按钮，如图2-2所示。

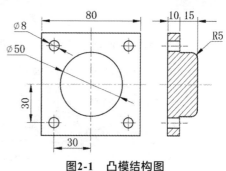

图2-1 凸模结构图

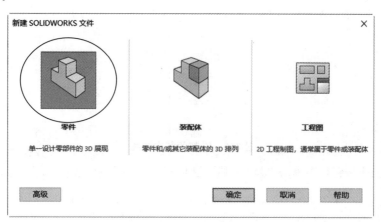

图2-2 单击"零件"按钮

（2）单击"确定"按钮，进入绘图环境。

（3）对于安装后第一次运行SolidWorks的用户，可能会出现如图2-3所示的提示框，直接单击"确定"按钮。

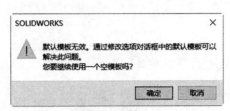

图2-3　提示框

2. 创建中心线

（1）在设计树中选择上视基准面，在弹出的快捷按钮框中单击"草图绘制"按钮，如图2-4所示。

图2-4　单击"草图绘制"按钮

（2）单击"中心线"按钮，如图2-5所示。

图2-5　单击"中心线"按钮

（3）绘制一条水平中心线和一条竖直中心线，图中的符号表示原点，如图2-6所示。

图2-6　绘制两条中心线

（4）在命令按钮栏中单击"显示/删除几何关系"→"添加几何关系"，如图2-7所示。

图2-7　单击"添加几何关系"

（5）选择竖直中心线和坐标原点，再在"添加几何关系"属性管理器中单击"重合"按钮，将竖直中心线与坐标原点重合。采用相同的方法，将水平中心线与坐标原点重合，如图2-8所示。

图2-8　将两条中心线与坐标原点重合

3. 新建草图

（1）在标签栏中单击"草图"标签，再在命令按钮栏中单击"直线"按钮，如图2-9所示。

图2-9　单击"直线"按钮

（2）任意绘制一个四边形，原点位于四边形内，如图2-10所示。

（3）选择线段AB，在"添加几何关系"属性管理器中单击"水平"按钮，将线段AB设为水平线。

（4）选择线段BC，在"添加几何关系"属性管理器中单击"竖直"按钮，将线段BC设为竖直线。

（5）以此类推，将四边形调整为矩形，如图2-11所示。

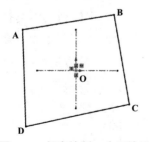

图2-10　任意绘制一个四边形

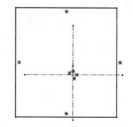

图2-11　将四边形调整为矩形

（6）在命令按钮栏中单击"显示/删除几何关系"→"添加几何关系"，选择两条水平线和水平中心线，再在"添加几何关系"属性管理器中单击"对称"按钮，将两条水平线关于水平中心线设为对称。

（7）采用相同的方法，将两条竖直线设为关于竖直中心线对称，如图2-12所示。

（8）在命令按钮栏中单击"显示/删除几何关系"→"添加几何关系"，选择一条水平线和一条竖直线，再在"添加几何关系"属性管理器中单击"相等"按钮，将水平线和竖直线设为相等，矩形变为正方形，如图2-13所示。

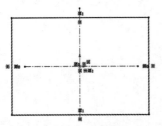

图2-12　将两条竖直线设为关于竖直中心线对称　　　　图2-13　矩形变为正方形

（9）在命令按钮栏中单击"智能尺寸"按钮，如图2-14所示。

图2-14　单击"智能尺寸"按钮

（10）选择竖直线，在动态框中输入"80"，如图2-15所示。

（11）单击"确定"按钮，矩形的边长改为80mm，如图2-16所示。

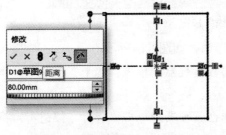　　　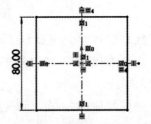

图2-15　动态框中输入"80"　　　　　　图2-16　矩形边长为80mm

（12）如果矩形的边长标注为"0.08"，如图2-17所示，这是因为绘图的单位是m，修改方法是在工作区的右下角单击"自定义"按钮，在弹出的列表中选择"MMGS（毫米、克、秒）"，如图2-18所示，将边长的标注改为"80"。（如果需要将单位永久性地改为"MMGS（毫米、克、秒）"，则应按第1章所讲述的方法进行操作。）

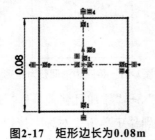　　　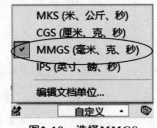

图2-17　矩形边长为0.08m　　　　　　图2-18　选择MMGS

4．创建拉伸凸台/基体特征

（1）在标签栏中单击"特征"标签，再在命令按钮栏中单击"拉伸凸台/基体"按钮，如图2-19所示。

图2-19　单击"拉伸凸台/基体"按钮

（2）在"凸台-拉伸"属性管理器中，将"方向1（1）"设为"给定深度"，"深度"设为10mm，如图2-20所示。

（3）单击"确定"按钮，创建一个实体，如图2-21所示。

图2-20　在"深度"栏中输入10mm

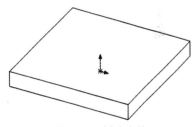

图2-21　创建实体

5．创建圆柱体

（1）选择实体的上表面，在弹出的快捷按钮框中单击"草图绘制"按钮，选择实体的上表面作为草图绘制基准面。

（2）在标签栏中单击"草图"标签，再在命令按钮栏中单击"圆"按钮，如图2-22所示。

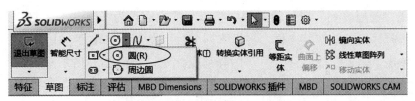

图2-22　单击"圆"按钮

（3）先以原点为圆心绘制一个圆，然后在屏幕上方单击"智能尺寸"按钮，将圆的直径设为50mm，如图2-23所示。

（4）在标签栏中单击"特征"标签，再在命令按钮栏中单击"拉伸凸台/基体"按钮。

（5）弹出"凸台-拉伸"属性管理器，在"深度"栏中输入15mm，单击"确定"按钮，创建一个圆柱体，如图2-24所示。

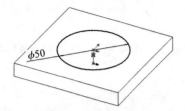

图2-23　绘制一个直径为50mm的圆

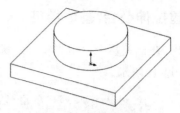

图2-24　创建圆柱体

6. 创建圆孔

（1）选择实体的上表面，在弹出的快捷按钮框中单击"草图绘制"按钮 。

（2）在标签栏中单击"草图"标签，再在命令按钮栏中单击"圆"按钮 ，先绘制一个圆。

（3）在命令按钮栏中单击"智能尺寸"按钮 ，将圆的直径设为6mm，将圆心与边线的距离设为8mm，如图2-25所示。

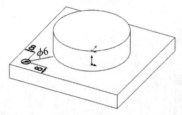

图2-25　绘制一个直径为6mm的圆

（4）在命令按钮栏中单击"线性草图阵列"→"圆周草图阵列"，如图2-26所示。

图2-26　选择"圆周草图阵列"

（5）在"圆周阵列"属性管理器中将阵列的中心设为（0，0），将"角度" 设为360°，选择"等间距"复选框，将"阵列个数"设为4，如图2-27所示。

（6）单击"确定"按钮 ，将草图阵列成4个圆，如图2-28所示。

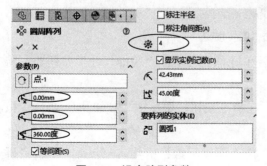

图2-27　设定阵列参数

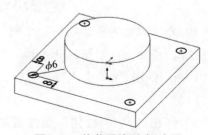

图2-28　将草图阵列成4个圆

（7）在标签栏中单击"特征"标签，再在命令按钮栏中单击"拉伸切除"按钮，如图2-29所示。

图2-29　单击"拉伸切除"按钮

（8）在"切除-拉伸"属性管理器的"方向1（1）"栏中选择"完全贯穿"，如图2-30所示。

（9）单击"确定"按钮 ✓ ，在实体上切出4个圆孔，如图2-31所示。

图2-30　选择"完全贯穿"

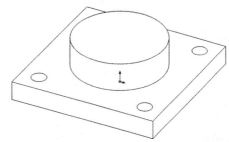

图2-31　切出4个圆孔

（10）如果操作的结果是只保留圆柱，而将方形实体切除，效果如图2-32所示。

（11）在"切除-拉伸"属性管理器中选择"切除-拉伸1"，再在弹出的快捷按钮框中单击"编辑特征"按钮，如图2-33所示。

（12）在"拉伸-切除"属性管理器中选择"反侧切除"复选框，如图2-34所示。

图2-32　只保留圆柱图　　**2-33　单击"编辑特征"按钮图**　　**2-34　选择"反侧切除"**

7. 创建圆角

（1）在命令按钮栏中单击"圆角"按钮，如图2-35所示。

图2-35　单击"圆角"按钮

（2）选择圆柱端面的边线，将圆角半径改为5mm，如图2-36所示。

（3）单击"确定"按钮 ✔，创建圆角，如图2-37所示。

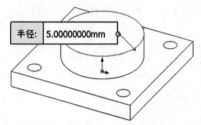

图2-36　将圆角半径改为5mm

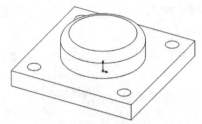

图2-37　创建圆角

8．保存

单击"保存"按钮 █，将文件名称设为"凸模"。

2.2 拉伸（1）：创建小板凳

本节创建一个小板凳实体，如图2-38所示，进一步加深理解SolidWorks的命令。

图2-38　小板凳效果图

1．创建凳面

（1）单击"新建"按钮 █，弹出"新建SolidWorks文件"对话框，单击"零件"按钮 █。

（2）在设计树中选择上视基准面，在弹出的快捷按钮框中单击"草图绘制"按钮 █，在命令按钮栏中单击 □ →"中心矩形"，如图2-39所示。

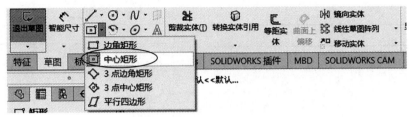

图2-39 单击"中心矩形"

（3）以原点为中心，绘制一个矩形（120mm×60mm），如图2-40所示。

（4）在标签栏中单击"特征"标签，再单击"拉伸凸台/基体"按钮 🖼️。

（5）在"凸台-拉伸"属性管理器中的"深度" 🔧 栏中输入10mm，单击"确定"按钮 ✔，创建一个实体，如图2-41所示。

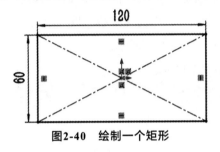

图2-40 绘制一个矩形

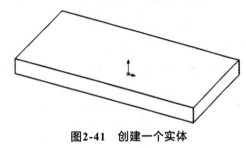

图2-41 创建一个实体

2. 创建凳脚

（1）选择前视基准面，在弹出的快捷按钮框中单击"正视于"按钮 ⬆️，将视角方向调整为正视于前视基准面。

（2）再次选择前视基准面，在弹出的快捷按钮框中单击"草图绘制"按钮 📐，在命令按钮栏中单击 🔲 → "平行四边形"，绘制一个平行四边形，如图2-42所示。

（3）在命令按钮栏中单击"显示/删除几何关系" → "添加几何关系"，选择实体的下边线和平行四边形的上边线，再在"添加几何关系"属性管理器中单击"共线"按钮 ⟋，将实体的下边线和平行四边形的上边线设为共线，如图2-43所示。

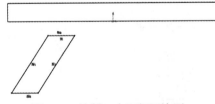

图2-42 绘制一个平行四边形

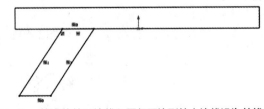

图2-43 将实体的下边线和平行四边形的上边线设为共线

（4）经过原点绘制一条竖直中心线，如图2-44所示。

（5）在命令按钮栏中单击"智能尺寸"按钮 📏，将平行四边形标注尺寸，如图2-45所示。

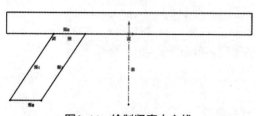

图2-44　绘制竖直中心线

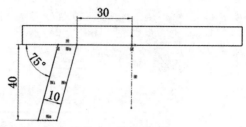

图2-45　标注尺寸

（6）单击"镜像实体"按钮 ⚇，在屏幕左侧的"镜像"属性管理器中，单击"要镜像的实体"显示框，再选择平行四边形的四条边；单击"镜像轴"显示框，再选择中心轴。

（7）单击"确定"按钮 ✔，将草图沿中心线镜像，创建另一个草图，如图2-46所示。

（8）在标签栏中单击"特征"标签，再在命令按钮栏中单击"拉伸凸台/基体"按钮 ⬢，在"凸台-拉伸"属性管理器中，将"方向1（1）"设为"两侧对称"，在"深度" 🗗 栏中输入55mm，选择"合并结果"复选框，如图2-47所示。

（9）单击"确定"按钮 ✔，创建凳脚实体，如图2-48所示。

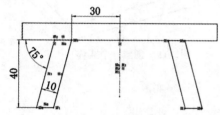

图2-46　将草图镜像

图2-47　选择"合并结果"

图2-48　创建凳脚

3．保存

单击"保存"按钮 🖫，将文件名称设为"小板凳"。

2.3 拉伸（2）：创建支撑架

本节通过创建支撑架实体，如图2-49所示，讲述在草绘时使用同心圆的方法。

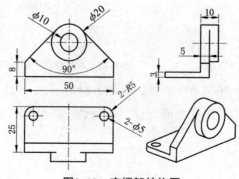

图2-49　支撑架结构图

1．创建第一个特征

（1）单击"新建"按钮，弹出"新建 SolidWorks 文件"对话框，单击"零件"按钮。

（2）在设计树中选择上视基准面，在弹出的快捷按钮框中单击"草图绘制"按钮。

（3）在命令按钮栏中单击→"中心矩形"，以原点为中心，绘制一个矩形，在命令按钮栏中单击"智能尺寸"按钮，为矩形标注尺寸（50mm×25mm），如图2-50所示。

（4）在标签栏中单击"特征"标签，再在命令按钮栏中单击"拉伸凸台/基体"按钮。

（5）在"凸台-拉伸"属性管理器的"深度"栏中输入3mm，单击"确定"按钮，创建一个实体，如图2-51所示。

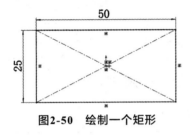

图2-50　绘制一个矩形

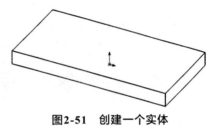

图2-51　创建一个实体

2．创建第二个特征

（1）选择实体的前侧面，如图2-52所示，在弹出的快捷按钮框中单击"正视于"按钮。

（2）再次选择实体的前侧面，在弹出的快捷按钮框中单击"草图绘制"按钮，任意绘制多边形ABCDE，如图2-53所示。

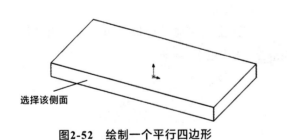

图2-52　绘制一个平行四边形

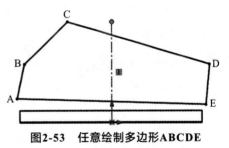

图2-53　任意绘制多边形ABCDE

（3）单击命令按钮栏中的"中心线"按钮，经过坐标原点，绘制一条竖直的中心线，如图2-53所示。

（4）选择AB线段，在"添加几何关系"属性管理器中单击"竖直"按钮，线段AB变为竖直线。

（5）采用相同的方法，将线段DE设为竖直。

（6）在命令按钮栏中单击"显示/删除几何关系"→"添加几何关系"，选择竖直中心线和顶点C，在"添加几何关系"属性管理器中的"添加几何关系"栏中单击"重合"按钮，顶点C移到竖直中心线上。

（7）选择直线AB和实体的左边线，在"添加几何关系"属性管理器中单击"共线"按钮，将直线AB和实体的左边线设为共线。

（8）采用相同的方法，将直线ED和实体的右边线设为共线。

（9）将直线AE和实体的上边线设为共线。

（10）选择直线AB和直线DE，在"添加几何关系"属性管理器中单击"相等"按钮，直线AB和直线DE相等。

（11）选择直线BC和直线CD，在"添加几何关系"属性管理器中单击"垂直"按钮，直线BC和直线CD互相垂直，如图2-54所示。

（12）在命令按钮栏中单击"智能尺寸"按钮，将多边形标注尺寸，如图2-55所示。

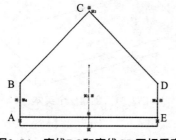

图2-54　直线BC和直线CD互相垂直

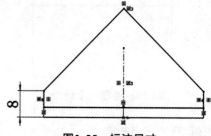

图2-55　标注尺寸

（13）在标签栏中单击"特征"标签，再在命令按钮栏中单击"拉伸凸台/基体"按钮，在"凸台-拉伸"属性管理器中，将"方向1（1）"设为"给定深度"，在"深度"栏中输入5mm，选择"合并结果"。

（14）单击"确定"按钮，创建第二个特征，如图2-56所示。

（15）如果所创建的特征为反方向拉伸，如图2-57所示。

（16）在设计树中选择"切除-拉伸2"，在弹出的快捷按钮框中单击"编辑特征"按钮，在工作区左侧单击"反方向"按钮，如图2-58所示。

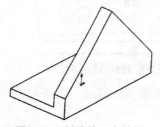

图2-56　创建第二个特征

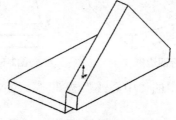

图2-57　反方向拉伸创建实体

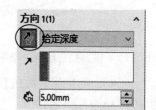

图2-58　单击"反方向"按钮

（17）单击"确定"按钮，即可改变第二个拉伸特征的方向。

3. 创建圆角

（1）在命令按钮栏中单击"圆角"按钮。

（2）选择实体最上方的棱线，并将圆角半径改为10mm。

（3）单击"确定"按钮✔，在前侧面的棱线上创建圆角，如图2-59所示。

（4）采用相同的方法，在长方形实体的棱边上创建圆角（*R*5mm），如图2-60所示。

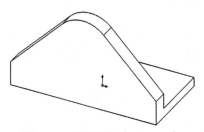

图2-59　创建圆角（*R*10mm）

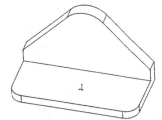

图2-60　创建圆角（*R*5mm）

4．创建圆柱特征

（1）选择实体的前侧面，如图2-52所示，在弹出的快捷按钮框中单击"正视于"按钮↥。

（2）再次选择实体的前侧面，在弹出的快捷按钮框中单击"草图绘制"按钮。

（3）在命令按钮栏中单击"周边圆"按钮，如图2-61所示。

（4）在圆弧边线上选择3个不同的点A、B、C，如图2-62所示。

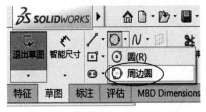

图2-61　单击"周边圆"按钮

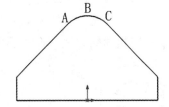

图2-62　在圆弧边线上选择3个不同的点

（5）沿A、B、C三点绘制一个圆，该圆与圆弧的直径相等，而且圆心相同，如图2-63所示。

（6）在标签栏中单击"特征"标签，再在命令按钮栏中单击"拉伸凸台/基体"按钮，在"凸台-拉伸"属性管理器中，将"方向1（1）"设为"给定深度"，在"深度"栏中输入5mm，选择"合并结果"。

（7）单击"确定"按钮✔，创建圆柱特征，如图2-64所示。

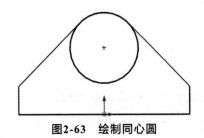

图2-63　绘制同心圆

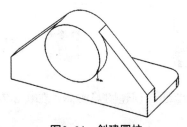

图2-64　创建圆柱

5. 创建圆孔

（1）选择圆柱的端面，在弹出的快捷按钮框中单击"正视于"按钮⚓。

（2）再次选择圆柱的端面，在弹出的快捷按钮框中单击"草图绘制"按钮▣。

（3）在命令按钮栏中单击"圆"按钮⊙，绘制一个圆，如图2-65所示。

（4）在命令按钮栏中单击"显示/删除几何关系"→"添加几何关系"，选择两个圆，再在"添加几何关系"属性管理器中单击"同心"按钮◎，将两个圆设为同心，如图2-66所示。

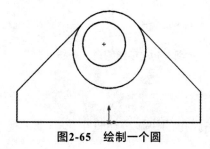

图2-65　绘制一个圆

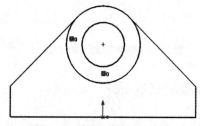

图2-66　将两个圆设为同心

（5）在命令按钮栏中单击"智能尺寸"按钮✎，将圆的直径标注为10mm，如图2-67所示。

（6）在标签栏中单击"特征"标签，再在命令按钮栏中单击"拉伸切除"按钮▣，在"拉伸-切除"属性管理器的"方向1（1）"栏中选择"完全贯穿"。

（7）单击"确定"按钮✔，在实体上切出一个圆孔，如图2-68所示。

（8）采用相同的方法，在平面实体上创建两个圆孔，如图2-69所示。

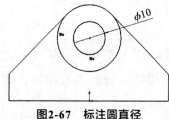

图2-67　标注圆直径

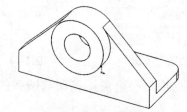

图2-68　创建圆孔

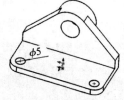

图2-69　创建两个圆孔

6. 保存

单击"保存"按钮🖫，将文件名称设为"支撑架"。

2.4　旋转（1）：创建圆盖

本节通过创建圆盖实体，如图2-70所示，掌握旋转体建模的一般过程。

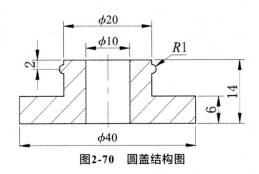

图2-70　圆盖结构图

1. 创建第一个特征

（1）单击"新建"按钮，弹出"新建SolidWorks文件"对话框，单击"零件"按钮。

（2）在设计树中选择前视基准面，在弹出的快捷按钮框中单击"草图绘制"按钮。

（3）在命令按钮栏中单击"中心线"按钮，通过原点绘制一条竖直中心线；然后单击"直线"按钮，绘制草图1，如图2-71所示。

（4）在标签栏中单击"特征"标签，再在命令按钮栏中单击"旋转凸台/基体"按钮，在"旋转"属性管理器中，先单击"旋转轴"下面的显示框，选择中心线为旋转轴，在"方向1（1）"栏中选择"给定深度"，将"旋转角度"设为360°。

（5）单击"确定"按钮，创建第一个旋转体，如图2-72所示。

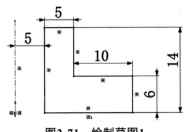

图2-71　绘制草图1

图2-72　创建第一个旋转体

2. 创建第二个特征

（1）选择前视基准面，在弹出的快捷按钮框中单击"正视于"按钮，再次选择前视基准面，在弹出的快捷按钮框中单击"草图绘制"按钮。

（2）在命令按钮栏中单击"中心线"按钮，通过原点绘制一条竖直中心线；单击"直线"按钮，绘制草图2，如图2-73所示。

（3）在标签栏中单击"特征"标签，再在命令按钮栏中单击"旋转凸台/基体"按钮，在设计树中，在"方向1（1）"栏中选择"给定深度"，将"旋转角度"设为360°。

（4）单击"确定"按钮，创建第二个旋转体，如图2-74所示。

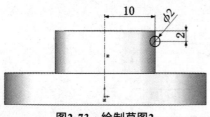

图2-73　绘制草图2

图2-74　创建第二个旋转体

提示：当轮廓曲线比较复杂时，最好是分成多个步骤，有利于减少绘制草图的难度。在这个实例中，轮廓上有直线和圆弧，分别以直线和圆弧各创建一个旋转体，造型过程相对简单。

3．保存

单击"保存"按钮💾，将文件名称设为"圆盖"。

2.5　旋转（2）：创建斜三通

本节通过创建斜三通实体，如图2-75所示，掌握旋转体建模的一般过程。

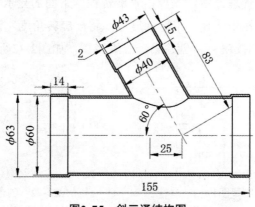

图2-75　斜三通结构图

1．创建第一个旋转体

（1）单击"新建"按钮📄，弹出"新建SolidWorks文件"对话框，单击"零件"按钮🖱。

（2）在设计树中选择前视基准面，再在命令按钮栏中单击"中心线"按钮✏️，通过原点绘制一条水平中心线；然后单击🔲→"边角矩形"，以原点为中心，绘制第一个矩形，如图2-76所示。

（3）在标签栏中单击"特征"标签，再在命令按钮栏中单击"旋转凸台/基体"按钮🌀，在"旋转"属性管理器中，在"方向1（1）"栏中选择"给定深度"，将"旋转角度"设为360°。

（4）单击"确定"按钮✔，创建第一个旋转体，如图2-77所示。

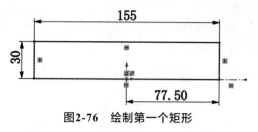

图2-76 绘制第一个矩形

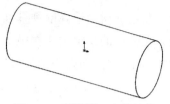

图2-77 创建第一个旋转体

2．创建两端的旋转体

（1）在设计树中选择前视基准面，在弹出的快捷按钮框中单击"正视于"按钮↧，再次选择前视基准面，在弹出的快捷按钮框中单击"草图绘制"按钮▱。

（2）在命令按钮栏中单击▣→"边角矩形"按钮，绘制第二个矩形，如图2-78所示。

（3）在命令按钮栏中单击"显示/删除几何关系"→"添加几何关系"，选择实体的左端的边线和矩形的左边线AB，再在"添加几何关系"属性管理器中单击"共线"按钮╱，将实体的左边线和矩形的左边线设为共线，如图2-79所示。

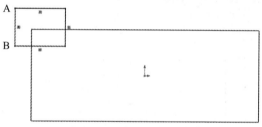

图2-78 绘制第二个矩形

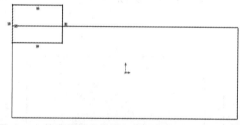

图2-79 将实体的左边线和矩形的左边线设为共线

（4）在命令按钮栏中单击"中心线"按钮╱，通过原点绘制一条水平中心线，并标注尺寸，如图2-80所示。

（5）在标签栏中单击"特征"标签，再在命令按钮栏中单击"旋转凸台/基体"按钮▨，在"旋转"属性管理器中，在"方向1（1）"栏中选择"给定深度"，将"旋转角度"设为360°。

（6）单击"确定"按钮✔，创建第二个旋转体，如图2-81所示。

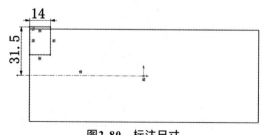

图2-80 标注尺寸

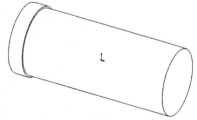

图2-81 创建第二个旋转体

（7）采用相同的方法，创建第三个旋转体，如图2-82所示。

3．创建分支的旋转体

（1）在设计树中选择前视基准面作为草图绘制基准面。

（2）在弹出的快捷按钮框中单击"草图绘制"按钮▣。

（3）单击"3点边角矩形"按钮◇，绘制一个倾斜的矩形，如图2-83所示。

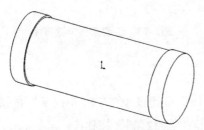

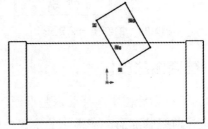

图2-82　创建第三个旋转体　　　　　　图2-83　绘制一个倾斜的矩形

（4）在命令按钮栏中单击"显示/删除几何关系"→"添加几何关系"，选择坐标原点和矩形左下角的顶点，再在"添加几何关系"属性管理器中单击"水平"按钮▭，将坐标原点和矩形左下角的顶点设在同一水平线上，如图2-84所示。

（5）绘制一条倾斜的中心线，并标注尺寸，如图2-85所示。

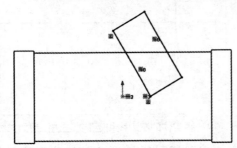

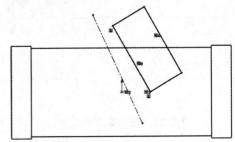

图2-84　坐标原点和矩形左下角的顶点在同一水平线上　　　图2-85　绘制一条倾斜的中心线

（6）在命令按钮栏中单击"显示/删除几何关系"→"添加几何关系"，选择中心线和矩形左边的边线，再在"添加几何关系"属性管理器中单击"共线"按钮∕，将中心线和矩形左边的边线设为共线，如图2-86所示。

（7）标注尺寸，如图2-87所示。

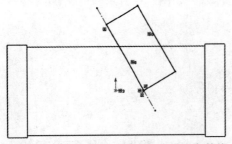

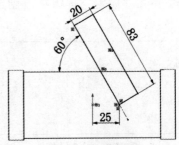

图2-86　中心线和矩形左边的边线设为共线　　　　图2-87　标注尺寸

（8）单击"确定"按钮✔，创建分支的旋转特征，如图2-88所示。

（9）按照相同的方法，创建管口的旋转特征，管口草图如图2-89所示，管口特征如图2-90所示。

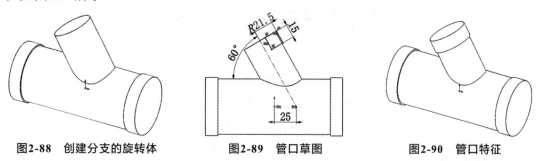

图2-88 创建分支的旋转体　　图2-89 管口草图　　图2-90 管口特征

（10）在标签栏中单击"特征"标签，再在命令按钮栏中单击"抽壳"按钮，如图2-91所示。

图2-91 单击"抽壳"按钮

（11）在"抽壳"属性管理器中将"厚度"设为2mm，如图2-92所示。

（12）选择三个圆柱的端面，单击"确定"按钮，创建抽壳特征，如图2-93所示。

图2-92 将"参数"设为2mm

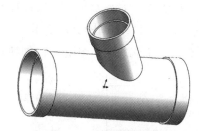

图2-93 创建抽壳特征

4．保存

单击"保存"按钮，将文件名称设为"斜三通"。

2.6 拉伸切除（1）：创建烟灰缸

本节通过创建烟灰缸实体，如图2-94所示，掌握拔模、阵列、抽壳等建模命令的应用。

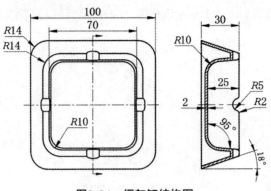

图2-94　烟灰缸结构图

1.创建第一个特征

（1）单击"新建"按钮🗋，弹出"新建SolidWorks文件"对话框，单击"零件"按钮🗊。

（2）在设计树中选择上视基准面，在弹出的快捷按钮框中单击"草图绘制"按钮🗊，在命令按钮栏中单击▣→"中心矩形"，以原点为中心，绘制一个矩形，如图2-95所示。

（3）在命令按钮栏中单击"智能尺寸"按钮🖋，为矩形标注尺寸（100mm×100mm），如图2-95所示。

（4）在标签栏中单击"特征"标签，再单击"拉伸凸台/基体"按钮🗊。

（5）在"凸台-拉伸"属性管理器中的"深度"🗊栏中输入30mm，在"拔模角度"栏中输入18°，如图2-96所示。

（6）单击"确定"按钮✔，创建一个实体，如图2-97所示。

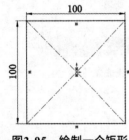

图2-95　绘制一个矩形

图2-96　设定拉伸参数

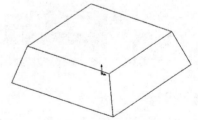

图2-97　创建一个实体

2.创建第二个特征

（1）选择实体的上表面，在弹出的快捷按钮框中单击"正视于"按钮🗊，再次选择实体的上表面，在弹出的快捷按钮框中单击"草图绘制"按钮🗊。

（2）在命令按钮栏中单击▣→"中心矩形"，以原点为中心，绘制一个矩形，如图2-98所示。

（3）在命令按钮栏中单击"智能尺寸"按钮🖋，为矩形标注尺寸（70mm×70mm），如图2-98所示。

（4）在标签栏中单击"特征"标签，再在命令按钮栏中单击"拉伸切除"按钮🔳。

（5）在"拉伸-切除"属性管理器的"深度"🔩栏中输入25mm，在"拔模角度"栏中输入5°，如图2-99所示。

（6）单击"确定"按钮✔，创建一个实体，如图2-100所示。

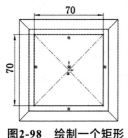

图2-98　绘制一个矩形

图2-99　设定切除参数

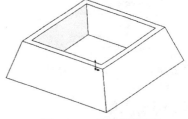

图2-100　创建切除实体

3．创建圆槽

（1）选择前视基准面，在弹出的快捷按钮框中单击"正视于"按钮↥，再次选择前视基准面，在弹出的快捷按钮框中单击"草图绘制"按钮▱。

（2）在命令按钮栏中单击"圆"按钮⊙，任意绘制一个圆，如图2-101所示。

（3）在命令按钮栏中单击"显示/删除几何关系"→"添加几何关系"，选择圆心和实体的上边线，在"添加几何关系"属性管理器中单击"重合"按钮⊼，圆心移到实体的上边线上，如图2-102所示。

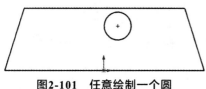

图2-101　任意绘制一个圆

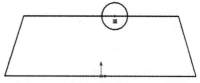

图2-102　圆心移到实体的上边线上

（4）在命令按钮栏中单击"显示/删除几何关系"→"添加几何关系"，选择原点和圆心，在"添加几何关系"属性管理器中单击"竖直"按钮⬚，圆心与原点在同一竖直线上，如图2-103所示。

（5）在命令按钮栏中单击"智能尺寸"按钮🖉，为圆标注尺寸（ϕ10mm），如图2-104所示。

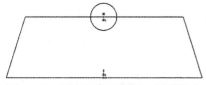

图2-103　圆心与原点在同一竖直线上

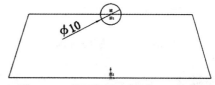

图2-104　将圆标注尺寸（ϕ10mm）

（6）在标签栏中单击"特征"标签，再在命令按钮栏中单击"拉伸切除"按钮🔳。

（7）在"拉伸-切除"属性管理器中，将"方向1（1）"设为"两侧对称"，在

"深度" 🔧栏中输入100mm，如图2-105所示。

（8）单击"确定"按钮 ✔，在实体上表面创建一个半圆槽，如图2-106所示。

（9）采用相同的方法，在另一个方向创建半圆槽，如图2-107所示。

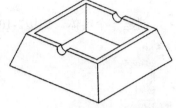

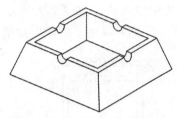

图2-105　"方向1"设为"两侧对称"　　图2-106　创建一个半圆槽　　图2-107　创建另一个半圆槽

4．创建圆角

对于实体上的圆角，其创建过程应分为若干步骤，先创建大圆角，再创建小圆角。

（1）在命令按钮栏中单击"圆角"按钮 🔧，在"圆角"属性管理器中单击"恒定大小圆角"选项 🔧，选择内坑的4条棱线，将圆角半径改为10mm。单击"确定"按钮 ✔，创建圆角，如图2-108所示。

（2）采用相同的方法，创建外部圆角，圆角半径为R14mm，如图2-109所示。

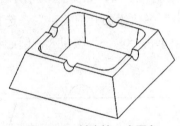

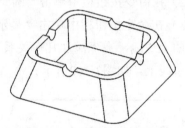

图2-108　创建第一个圆角　　　　　　　图2-109　创建第二个圆角

（3）创建其他位置的圆角，如图2-110所示。

（4）在命令按钮栏中单击"抽壳"按钮 🔧，选择实体底面，在"抽壳"属性管理器中将"厚度" 🔧设为2.0mm，单击"确定"按钮 ✔，创建抽壳特征，如图2-111所示。

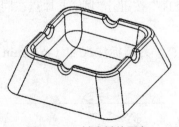

图2-110　创建其他圆角　　　　　　　图2-111　创建抽壳特征

5．保存

单击"保存"按钮 🔧，将文件名称设为"烟灰缸"。

2.7　拉伸切除（2）：创建斜扣板

本节通过创建一个比较复杂的实体，如图2-112所示，掌握将复杂零件分解成若干简单步骤，以达到简化建模过程的方法。

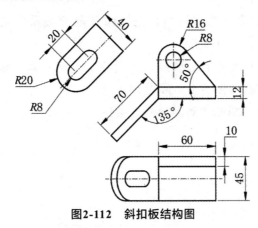

图2-112　斜扣板结构图

1．创建第一个实体

（1）单击"新建"按钮🗋，弹出"新建SolidWorks文件"对话框，单击"零件"按钮🗋。

（2）在设计树中选择上视基准面，在弹出的快捷按钮框中单击"草图绘制"按钮🗋，在命令按钮栏中单击🔲→"中心矩形"，以原点为中心，绘制一个矩形，在屏幕上方单击"智能尺寸"按钮✎，为矩形标注尺寸（60mm×45mm），如图2-113所示。

（3）在标签栏中单击"特征"标签，再在命令按钮栏中单击"拉伸凸台/基体"按钮🗋。

（4）在"凸台-拉伸"属性管理器中的"深度"🗋栏中输入12mm，单击"确定"按钮✔，创建第一个实体，如图2-114所示。

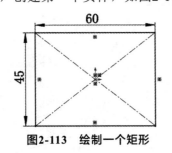

图2-113　绘制一个矩形

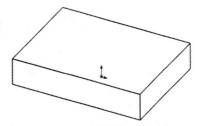

图2-114　创建第一个实体

2．创建第二个实体

（1）按住鼠标中键，将实体适当旋转后，选择实体的后侧面，如图2-115所示。

（2）在弹出的快捷按钮框中单击"正视于"按钮🗋，再次选择后侧面，在弹出的快捷按钮框中单击"草图绘制"按钮🗋。

（3）在弹出的快捷按钮框中单击"直线"按钮![icon]，任意绘制一个三角形，如图2-116所示。

（4）在命令按钮栏中单击"显示/删除几何关系"→"添加几何关系"，选择直线BC和实体的左边线，在"添加几何关系"属性管理器中单击"共线"按钮![icon]，将直线BC和实体的左边线设为共线。

（5）选择顶点A和实体的右边线，在"添加几何关系"属性管理器中单击"重合"按钮![icon]，顶点A移到实体右边线上。

（6）选择直线AC和实体的上边线，在"添加几何关系"属性管理器中单击"共线"按钮![icon]，将直线AC和实体的上边线设为共线。

（7）在命令按钮栏中单击"智能尺寸"按钮![icon]，标注尺寸，如图2-117所示。

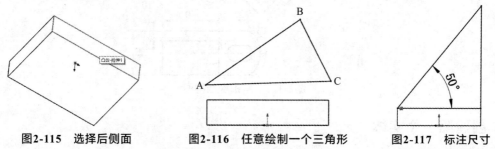

图2-115　选择后侧面　　　图2-116　任意绘制一个三角形　　　图2-117　标注尺寸

（8）在标签栏中单击"特征"标签，再在命令按钮栏中单击"拉伸凸台/基体"按钮![icon]。在propertyManager模型树的"深度"![icon]栏中输入10mm，单击"确定"按钮![icon]，创建一个实体，如图2-118所示。

（9）在设计树中选择"切除-拉伸2"，在弹出的快捷按钮框中单击"编辑特征"按钮![icon]，在工作区左侧单击"反方向"按钮![icon]，可将实体反向，如图2-119所示。

（10）在命令按钮栏中单击"圆角"按钮![icon]，在"圆角"属性管理器中单击"恒定大小圆角"选项![icon]，再选择最上方的棱线，并将圆角半径改为16mm。单击"确定"按钮![icon]，创建圆角，如图2-120所示。

图2-118　创建拉伸实体　　　图2-119　实体反向　　　图2-120　创建圆角

3. 创建圆孔

（1）在设计树中选择前视基准面，在弹出的快捷按钮框中单击"正视于"按钮![icon]，再次选择前视基准面，在弹出的快捷按钮框中单击"草图绘制"按钮 📋。

（2）在命令按钮栏中单击"圆"按钮 ⊙，任意绘制一个圆，如图2-121所示。

（3）在命令按钮栏中单击"显示/删除几何关系"→"添加几何关系"，选择圆心和实体圆弧边线，在"添加几何关系"属性管理器中单击"同心"按钮 ◎，将圆与实体的圆弧设为同心，如图2-122所示。

（4）在命令按钮栏中单击"智能尺寸"按钮 ✎，标注尺寸（ϕ16mm），如图2-122所示。

（5）在标签栏中单击"特征"标签，再在命令按钮栏中单击"拉伸切除"按钮 📷，在"拉伸-切除"属性管理器的"方向1（1）"栏中选择"完全贯穿"。

（6）单击"确定"按钮 ✔，在实体上切出一个圆孔，如图2-123所示。

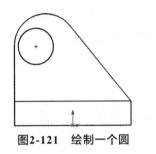

图2-121　绘制一个圆

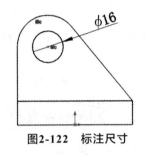

图2-122　标注尺寸

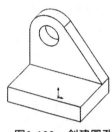

图2-123　创建圆孔

4．创建第三个实体

（1）选择实体的前侧面，在弹出的快捷按钮框中单击"正视于"按钮 🔱，再次选择前侧面，在弹出的快捷菜单中单击"草图绘制"按钮 📋，选择前侧面作为草图绘制基准面。

（2）在命令按钮栏中单击"直线"按钮 ✑，绘制一个四边形ABCD，如图2-124所示。

（3）在"添加几何关系"属性管理器中单击"重合"按钮 ⟋，选择顶点A和台阶的上边线，顶点A移到实体上边线上。

（4）采用相同的方法，顶点B移到实体下边线上，如图2-125所示。

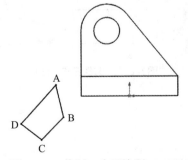

图2-124　绘制一个四边形ABCD

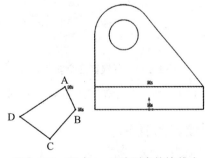

图2-125　顶点A、B移到实体边线上

（5）在命令按钮栏中单击"显示/删除几何关系"→"添加几何关系"，选择直线AB和实体的左边线，在"添加几何关系"属性管理器中单击"共线"按钮 ⟋，将直线AB和实体的左边线设为共线。

（6）选择直线AD和BC，在"添加几何关系"属性管理器中单击"平行"按钮◇，将直线AD和BC设为平行。

（7）选择直线AD和CD，在"添加几何关系"属性管理器中单击"垂直"按钮⊥，将直线AD和CD设为垂直。

（8）在命令按钮栏中单击"智能尺寸"按钮✎，标注尺寸，按住鼠标中键，旋转实体后如图2-126所示。

（9）在标签栏中单击"特征"标签，再在命令按钮栏中单击"拉伸凸台/基体"按钮🗐。在propertyManager模型树的"方向1（1）"栏中选择"成形到一面"选项，如图2-127所示。

（10）按住鼠标中键，旋转实体后，选择实体的背面，如图2-128所示。

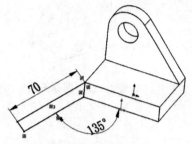

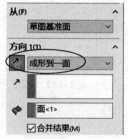

| 图2-126 标注尺寸 | 图2-127 选择"成形到一面" | 图2-128 选择背面 |

（11）单击"确定"按钮✔，创建第三个实体，如图2-129所示。

（12）在命令按钮栏中单击"圆角"按钮🗐，在弹出的"圆角"属性管理器中单击"完整圆角"按钮🗐，再在实体上选择三个面组，如图2-130所示。

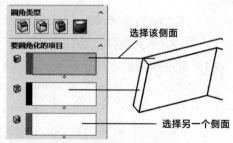

| 图2-129 创建第三个实体 | 图2-130 选择三个面组 |

（13）单击"确定"按钮✔，创建倒完整圆角。

5. 创建异形槽特征

（1）在实体上选择倾斜的斜面作为草图绘制基准面，如图2-131所示。

（2）绘制两个圆与两条直线，如图2-132所示。

（3）在命令按钮栏中单击"显示/删除几何关系"→"添加几何关系"，选择两个圆，在"添加几何关系"属性管理器中单击"相等"按钮=，将两个圆的直径设为相等。

（4）选择第一个圆的圆心，再选择第二个圆的圆心，在"添加几何关系"属性管理器中单击"竖直"按钮⬆️，将两个圆的圆心设在同一竖直线上。

（5）采用相同的方法，将两条直线设为竖直。

（6）选择其中一条直线和其中一个圆，在"添加几何关系"属性管理器中单击"相切"按钮，将直线和圆设为相切。

（7）采用相同的方法，将另一条直线与圆设为相切。

（8）选择下方的圆和实体的圆弧边线，在"添加几何关系"属性管理器中单击"同心"按钮，将下方的圆和圆弧边线设为同心，如图2-133所示。

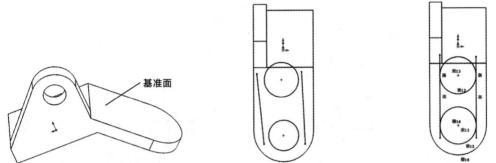

图2-131　选择基准面　　图2-132　绘制两个圆与两条直线　　图2-133　圆和圆弧边线设为同心

（9）在命令按钮中单击"剪裁实体"按钮，如图2-134所示。

图2-134　单击"剪裁实体"按钮

（10）剪裁后的草图如图2-135所示。

（11）在命令按钮栏中单击"智能尺寸"按钮，标注尺寸，按住鼠标中键，旋转实体后如图2-136所示。

（12）在标签栏中单击"特征"标签，再在命令按钮栏中单击"拉伸切除"按钮，在"拉伸-切除"属性管理器的"方向1（1）"栏中选择"完全贯穿"，如图2-30所示。

（13）单击"确定"按钮，在实体上切出异形槽，如图2-137所示。

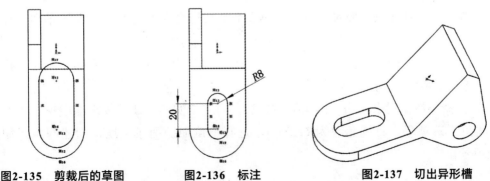

图2-135　剪裁后的草图　　图2-136　标注　　图2-137　切出异形槽

6.保存

单击"保存"按钮 ，将文件名称设为"斜扣板"。

2.8 拉伸切除（3）：创建支架

本节通过创建圆管支架的实体，如图2-138所示，讲述在创建复杂实体时，需要创建基准平面作为建模的基准。

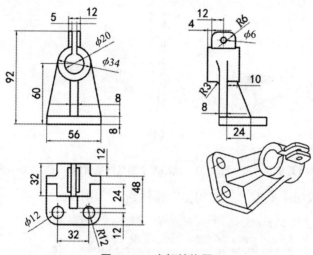

图2-138　支架结构图

1.创建第一个实体

（1）单击"新建"按钮 ，弹出"新建SolidWorks文件"对话框，单击"零件"按钮 。

（2）在设计树中选择上视基准面，在弹出的快捷按钮框中单击"草图绘制"按钮 ，在命令按钮栏中单击 → "中心矩形"，以原点为中心，绘制一个矩形，在命令按钮栏中单击"智能尺寸"按钮 ，为矩形标注尺寸（56mm×48mm），如图2-139所示。

（3）在标签栏中单击"特征"标签，再在命令按钮栏中单击"拉伸凸台/基体"按钮 。

（4）在"凸台-拉伸"属性管理器中的"深度" 栏中输入8mm，单击"确定"按钮 ，创建一个实体，如图2-140所示。

（5）在命令按钮栏中单击"圆角"按钮 ，再在"圆角"属性管理器中单击"恒定大小圆角"选项 ，将圆角改为R12mm，选择前侧面的两条棱线，创建圆角，如图2-141所示。

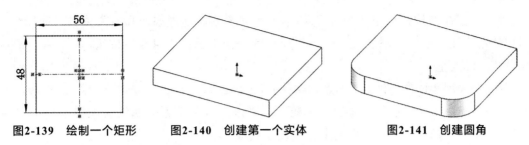

图2-139　绘制一个矩形　　　图2-140　创建第一个实体　　　图2-141　创建圆角

（6）选择实体的上表面，在弹出的快捷按钮框中单击"草图绘制"按钮 。

（7）在标签栏中单击"草图"标签，再在命令按钮栏中单击"圆"按钮 ，绘制两个圆，如图2-142所示。

（8）在命令按钮栏中单击"显示/删除几何关系"→"添加几何关系"，选择圆与圆弧边线，再在"添加几何关系"属性管理器中单击"同心"按钮 ，将圆与圆弧边线设为同心，如图2-143所示。

（9）选择两个圆，在"添加几何关系"属性管理器中单击"相等"按钮 ，将两个圆设为相等，如图2-144所示。

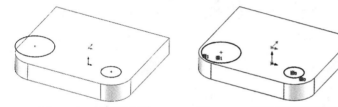

图2-142　创建两个圆　　　图2-143　将圆与圆弧设为同心　　　图2-144　设定两圆相等

（10）将两个圆的直径设为相等，然后标注直径（ϕ12mm），如图2-145所示。

（11）在标签栏中单击"特征"标签，然后单击"拉伸切除"按钮 ，在"拉伸-切除"属性管理器的"方向1（1）"栏中选择"完全贯穿"，单击"确定"按钮 ，在实体上切出两个圆孔，如图2-146所示。

2．创建第二个特征

（1）选择实体的后侧面，如图2-147所示，在弹出的快捷按钮框中单击"正视于"按钮 。

图2-145　标注直径　　　图2-146　切出两个圆孔　　　图2-147　选择后侧面

（2）再次选择实体的后侧面，在弹出的快捷按钮框中单击"草图绘制"按钮 ，绘制一个草图ABCD，如图2-148所示。

（3）在命令按钮栏中单击"显示/删除几何关系"→"添加几何关系"，选择A点和实体左边线，再在"添加几何关系"属性管理器中单击"重合"按钮，将A点和实体左边线设为重合。

（4）采用相同的方法，将D点和实体右边线设为重合。

（5）选择直线AD和实体的上边线，在"添加几何关系"属性管理器中单击"共线"按钮，将直线AD和实体的上边线设为共线。

（6）选择直线AB和圆弧BC，在"添加几何关系"属性管理器中单击"相切"按钮，将直线AB和圆弧BC设为相切。

（7）采用相同的方法，将直线CD和圆弧BC设为相切。

（8）选择直线AB和直线CD，在"添加几何关系"属性管理器中单击"相等"按钮，将直线AB和直线CD设为相等。

（9）标注圆弧圆心到实体底面的距离为60mm，圆弧半径为R17mm，如图2-149所示。

（10）在标签栏中单击"特征"标签，再在命令按钮栏中单击"拉伸凸台/基体"按钮，在"凸台-拉伸"属性管理器中的"深度"栏中输入8mm，单击"确定"按钮，创建第二个实体，如图2-150所示。

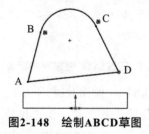

图2-148　绘制ABCD草图

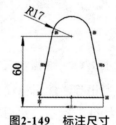

图2-149　标注尺寸

图2-150　创建第二个实体

3. 创建圆柱

（1）在标签栏中单击"特征"标签，再在命令按钮栏中单击"基准面"按钮，如图2-151所示。

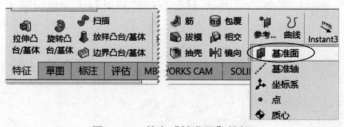

图2-151　单击"基准面"按钮

（2）选择第二个实体的正面和背面，在第二个实体的正面和背面的中间创建一个基准面1，如图2-152所示。

（3）选择上一步创建的基准面1，在弹出的快捷按钮框中单击"正视于"按钮，再次选择基准面1，在弹出的快捷按钮框中单击"草图绘制"按钮，选择基准面1作为草图绘制基准面。

（4）在命令按钮栏中单击"周边圆"按钮，再在圆弧边线上选择3个不同的点A、B、C，如图2-153所示，绘制一个圆，如图2-154所示。

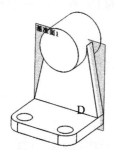

图2-152　创建基准面1

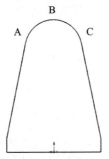

图2-153　在圆弧边线上选取A、B、C

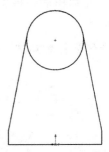

图2-154　绘制一个圆

（5）在标签栏中单击"特征"标签，再在命令按钮栏中单击"拉伸凸台/基体"按钮，在"凸台-拉伸"属性管理器中，将"方向1（1）"设为"两侧对称"，在"深度"栏中输入32mm，单击"确定"按钮，创建一个圆柱，如图2-155所示。

4．创建方体

（1）在命令按钮栏中单击"基准面"按钮，选择第一个实体的左侧面和右侧面，在第一个实体的左侧面和右侧面的中间创建基准面2，如图2-156所示。

（2）选择基准面2，在弹出的快捷按钮框中单击"正视于"按钮，再次选择基准面2，在弹出的快捷按钮框中单击"草图绘制"按钮，选择基准面2作为草图绘制基准面。

（3）绘制一个矩形，并标注尺寸，如图2-157所示。（注意，矩形的下水平线应位于合适位置，使所创建的方体既要保证与圆柱相交，又要保证方体的侧面与圆柱相交。）

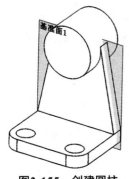

图2-155　创建圆柱

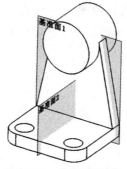

图2-156　创建基准面2

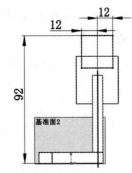

图2-157　绘制一个矩形

（4）在标签栏中单击"特征"标签，再在命令按钮栏中单击"拉伸凸台/基体"按钮，在"凸台-拉伸"属性管理器中，将"方向1（1）"设为"两侧对称"，在"深度"栏中输入12mm，单击"确定"按钮，创建一个方体，如图2-158所示。

（5）在命令按钮栏中单击"圆角"按钮，在方体的棱边上创建圆角（*R*6mm），如图2-159所示。

（6）选择基准面2，在弹出的快捷按钮框中单击"正视于"按钮，再次选择基准面2，在弹出的快捷按钮框中单击"草图绘制"按钮，选择基准面2作为草图绘制基准面。

（7）任意绘制一个圆，如图2-160所示。

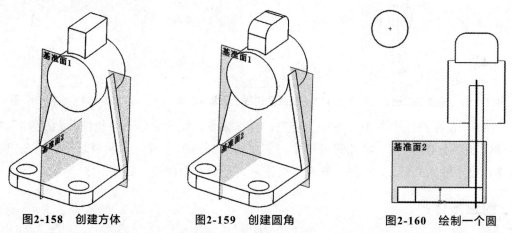

图2-158　创建方体　　　　图2-159　创建圆角　　　　图2-160　绘制一个圆

（8）在命令按钮栏中单击"显示/删除几何关系"→"添加几何关系"，选择圆心和基准面1，再在"添加几何关系"属性管理器中单击"重合"按钮，将圆心与基准面1设为重合。

（9）标注圆心到实体底面的距离为85mm，圆直径为*ϕ*6mm，如图2-161所示。

（10）在标签栏中单击"特征"标签，再在命令按钮栏中单击"拉伸切除"按钮，在"拉伸-切除"属性管理器的"方向1（1）"栏中选择"完全贯穿-两者"。单击"确定"按钮，在实体上切出一个圆孔，如图2-162所示。

提示： 还有一种方法可以创建圆柱上方的方体，即同时绘制方体的轮廓、圆弧以及内部的圆，如图2-163所示，再用拉伸方式一次性创建方体及方体上的圆孔，有兴趣的读者可以自行体会这个过程，并对两个方法进行比较。第一种方法比较简单，而第二种方法较难，不建议使用。

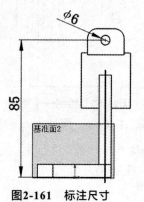
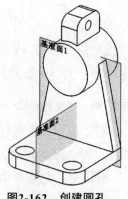
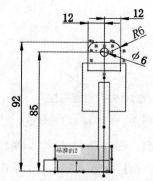

图2-161　标注尺寸　　　　图2-162　创建圆孔　　　图2-163　同时绘制方体的轮廓以及圆

5. 创建异形槽

（1）选择基准面1，在弹出的快捷按钮框中单击"正视于"按钮✈，再次选择基准面1，在弹出的快捷按钮框中单击"草图绘制"按钮✿，选择基准面1作为草图绘制基准面，任意绘制一个圆，如图2-164所示。

（2）在命令按钮栏中单击"显示/删除几何关系"→"添加几何关系"，选择圆柱的边线和刚才所绘制的圆，再在"添加几何关系"属性管理器中单击"同心"按钮◎，将圆柱的边线和刚才所绘制的圆设为同心。

（3）标注尺寸为φ20mm，如图2-165所示。

（4）在标签栏中单击"特征"标签，再在命令按钮栏中单击"拉伸切除"按钮▣，在"拉伸-切除"属性管理器的"方向1（1）"栏中选择"完全贯穿-两者"。单击"确定"按钮✔，在实体上切出一个圆孔，如图2-166所示。

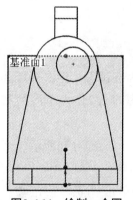

图2-164　绘制一个圆

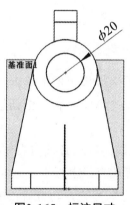

图2-165　标注尺寸

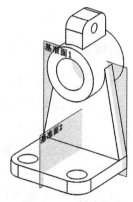

图2-166　创建通孔

（5）选择基准面1，在弹出的快捷按钮框中单击"正视于"按钮✈，再次选择基准面1，在弹出的快捷按钮框中单击"草图绘制"按钮✿，任意绘制一个矩形，同时，过原点绘制一条竖直中心线，如图2-167所示。

（6）在命令按钮栏中单击"显示/删除几何关系"→"添加几何关系"，选择矩形的两条竖直线和中心线，再在"添加几何关系"属性管理器中单击"对称"按钮⬚，将矩形两条竖直线关于中心线设为对称。

（7）将矩形的上边线拖到实体以外，将下线边拖到圆孔之下，并标注矩形的水平线的尺寸为5mm，如图2-168所示。

（8）在标签栏中单击"特征"标签，再在命令按钮栏中单击"拉伸切除"按钮▣，在"拉伸-切除"属性管理器的"方向1（1）"栏中选择"完全贯穿-两者"。单击"确定"按钮✔，在实体上切出一条槽，如图2-169所示。

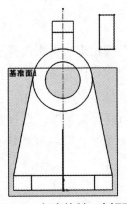
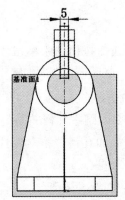
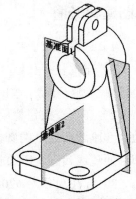

图2-167 任意绘制一个矩形　　图2-168 标注水平线的尺寸　　图2-169 在实体上切出一条槽

提示：还有一种方法可以创建实体上方的异形槽，即同时绘制圆和矩形，再用拉伸方式一次性创建实体上方的异形槽，有兴趣的读者可以按这个方法创建异形槽，并比较两种方法的优劣。

6. 创建加强筋

（1）选择基准面2，在弹出的快捷按钮框中单击"正视于"按钮，再次选择基准面2，在弹出的快捷按钮框中单击"草图绘制"按钮，选择基准面2作为草图绘制基准面。

（2）任意绘制一条直线，直线的两端必须与实体的边相连，如图2-170所示。（由于直线上端所在的位置是圆管，因此直线上端点必须深入圆管内部。）

（3）在标签栏中单击"特征"标签，再在命令按钮栏中单击"筋"按钮，在"筋"属性管理器的"厚度"栏中单击"两侧"按钮，将"厚度"设为8mm，在"拉伸方向"栏中单击"平行于草图"按钮，如图2-171所示。

（4）单击"确定"按钮，在实体上创建一条筋，如图2-172所示。

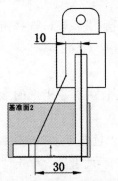
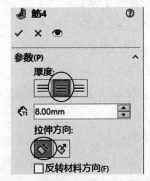
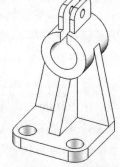

图2-170 绘制一条直线　　图2-171 设置"筋"属性管理器　　图2-172 创建筋

提示：如果无法创建筋，请在图2-170中将直线上端点适当往上拖，深入圆管内部，将下端点与平面的上边线对齐。

（5）单击"保存"按钮，将文件名称设为"支架"。

2.9 包覆：创建千分尺微分筒

千分尺微分筒效果图如图2-173所示，上面有三种不同长度的刻度，应分别对不同长度的刻度进行包覆，微分筒的外径上面还有文字，也需要单独进行包覆，因此，千分尺微分筒共需要进行四次包覆。

图2-173　千分尺微分筒效果图

1．创建旋转体

（1）单击"新建"按钮，弹出"新建SolidWorks文件"对话框，单击"零件"按钮。

（2）在设计树中选择前视基准面，在弹出的快捷按钮框中单击"草图绘制"按钮。

（3）在标签栏中单击"草图"标签，再在命令按钮栏中单击"中心线"按钮，经过原点绘制一条竖直中心线，并在旁边绘制一个矩形（1mm×10mm），在屏幕上方选择"添加几何关系"命令，选择坐标原点和矩形的下边线，再在"添加几何关系"属性管理器中单击"水平"按钮，将坐标原点和矩形的下边线设在同一水平线上，如图2-174所示。

（4）在标签栏中单击"特征"标签，再在命令按钮栏中单击"旋转凸台/基体"按钮，在"旋转"属性管理器中，在"方向1（1）"栏中选择"给定深度"，将"旋转角度"设为360°。

（5）单击"确定"按钮，创建第一个旋转体，如图2-175所示。

2．创建基准面

（1）在命令按钮栏中单击"基准面"按钮，如图2-151所示。

（2）在"基准面"属性管理器中单击"零件"按钮，在屏幕左侧显示设计树。

（3）在"第一参考"栏中选择前视基准面为参考面，将"偏移距离"设为20mm，如图2-176所示。

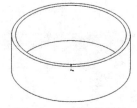

图2-174　绘制矩形　　　图2-175　创建旋转体　　　图2-176　设置"基准面"属性管理器

（4）单击"确定"按钮✓，创建一个基准面，如图2-177所示。

3．创建短刻度的包覆特征

（1）选择上一步创建的基准面1，在弹出的快捷按钮框中单击"正视于"按钮，再次选择基准面1，在弹出的快捷按钮框中单击"草图绘制"按钮，选择基准面1作为草图绘制基准面。

（2）绘制一个矩形（0.2mm×1mm），其中，原点在矩形下底边的中心，如图2-178所示。

（3）单击"线性草图阵列"按钮，在弹出的"线性草图阵列"属性管理器中，将"方向1（1）"设为"X-轴"，"两相邻特征之间的距离"设为"2*pi*15/100"mm，"个数"设为100，如图2-179所示。（注：pi表示圆周率，半径为15mm，将100个刻度均匀分布在圆周上，则两相邻阵列特征之间的距离为2*pi*15/100mm。）

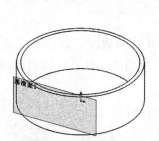

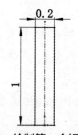

图2-177　创建基准面　　　图2-178　绘制第一个矩形　　　图2-179　设置"线性草图阵列"属性管理器

（4）选择矩形的四条边，单击"确定"按钮✓，创建100个矩形，然后单击"退出草图"按钮，完成草图。

（5）先在左边的工具条中选择要进行包覆的草图，再在标签栏中单击"特征"标签，在命令按钮栏中单击"包覆"按钮，在弹出的"包覆"属性管理器中，将"包覆"类型设为"蚀雕"，输入蚀雕距离为0.1mm，选择外圆柱面为包覆面，如图2-180所示。

（6）单击"确定"按钮✔，创建第一个包覆特征，如图2-181所示。

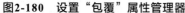

图2-180　设置"包覆"属性管理器

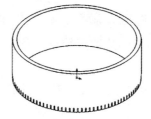

图2-181　创建第一个包覆特征

4．创建中刻度的包覆特征

（1）选择基准面1，在弹出的快捷按钮框中单击"正视于"按钮⚓，再次选择基准面1，在弹出的快捷按钮框中单击"草图绘制"按钮，选择基准面1作为草图绘制基准面。

（2）任意绘制一个矩形ABCD，如图2-182所示。

（3）在命令按钮栏中单击"显示/删除几何关系"→"添加几何关系"，选择矩形的左边线AB和包覆特征的左边线EF，再在"添加几何关系"属性管理器中单击"共线"按钮，将直线AB和边线EF设为共线。

（4）采用相同的方法，将矩形的右边线CD和右边线GH设为共线。

（5）将矩形的下边BC和包覆特征的上边线EH设为共线。

（6）标注所绘矩形的边长AB为0.5mm，如图2-183所示。

（7）单击"线性草图阵列"按钮，在弹出的"线性草图阵列"属性管理器中，将"方向1（1）"设为"X-轴"，"两相邻特征之间的距离"设为"2*pi*15/20"mm，"个数"设为20。

（8）选择矩形的四条边，单击"确定"按钮✔，创建20个矩形，然后单击"退出草图"按钮，完成草图。

（9）先在左边的工具条中选择要进行包覆的草图，再在标签栏中单击"特征"标签，在命令按钮栏中单击"包覆"按钮，在弹出的"包覆"属性管理器中，将"包覆"类型设为"蚀雕"，输入蚀雕距离为0.1mm，选择外圆柱面为包覆面。

（10）单击"确定"按钮✔，创建第二个包覆特征，如图2-184所示。

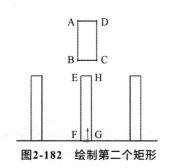

图2-182　绘制第二个矩形

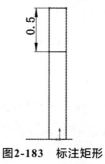

图2-183　标注矩形

图2-184　创建第二个包覆特征

5．创建长刻度的包覆特征

（1）选择基准面1，在弹出的快捷按钮框中单击"正视于"按钮↧，再次选择基准面1，在弹出的快捷按钮框中单击"草图绘制"按钮▣，选择基准面1作为草图绘制基准面。

（2）按上一步的方法，绘制一个矩形，并标注所绘矩形的高度为0.5mm，如图2-185所示。

（3）单击"线性草图阵列"按钮▦，在弹出的"线性草图阵列"属性管理器中，将"方向1（1）"设为"X-轴"，"两相邻特征之间的距离"▨设为"2*pi*15/10"mm，"个数"▦设为10。

（4）选择矩形的四条边，单击"确定"按钮✓，创建10个矩形，然后单击"退出草图"按钮↰，完成草图。

（5）先在左边的工具条中选择要进行包覆的草图，再在标签栏中单击"特征"标签，在命令按钮栏中单击"包覆"按钮▤，在弹出的"包覆"属性管理器中，将"包覆"类型设为"蚀雕"，输入蚀雕距离为0.1mm，选择外圆柱面为包覆面。

（6）单击"确定"按钮✓，创建第三个包覆特征，如图2-186所示。

6．创建文字的包覆特征

（1）选择基准面1，在弹出的快捷按钮框中单击"正视于"按钮↧，再次选择基准面1，在弹出的快捷按钮框中单击"草图绘制"按钮▣，选择基准面1作为草图绘制基准面。

（2）绘制一条竖直中心线，以包覆特征的顶点为中心线的起点，如图2-187所示。

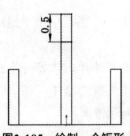

图2-185　绘制一个矩形

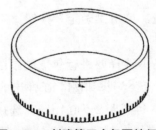

图2-186　创建第三个包覆特征

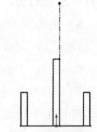

图2-187　绘制竖直中心线

（3）单击"线性草图阵列"按钮▦，在弹出的"线性草图阵列"属性管理器中，将"方向1（1）"设为"X-轴"，"两相邻特征之间的距离"▨设为"2*pi*15/10"mm，"个数"▦设为10。

（4）选择中心线，单击"确定"按钮✓，创建10条中心线。

（5）沿中心线方向输入文字，按如下步骤操作。

① 单击"文本"按钮▤，弹出"文本"属性管理器，先单击"曲线"框，再选择中心线。

② 在"文字"框中输入"0.0",如图2-188所示。

③ 取消选中"使用文档字体"复选框,再单击"字体"按钮 字体(F)...,在弹出的"选择字体"对话框中,将"字体"设为"宋体","字体样式"设为"常规",在"高度"栏中选择"单位"单选按钮,将高度设为0.5mm,如图2-189所示。

④ 单击"确定"按钮 ✔,再单击"确定"按钮 ✔,沿中心线方向输入"0.0",如图2-190所示。

图2-188 设置"草图文字"对话框

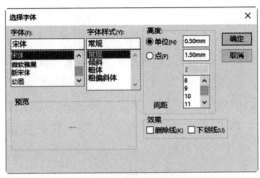

图2-189 设置"选择字体"对话框

图2-190 输入文本

⑤ 采用相同的方法,沿其他中心线方向输入"1.0""2.0""3.0""4.0""5.0""6.0""7.0""8.0""9.0",如图2-191所示。

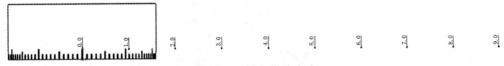

图2-191 输入其他文本

(6)单击"退出草图"按钮 ↩,完成草图。

(7)先在左边的工具条中选择要进行包覆的草图,再单击标签栏中的"特征"标签,单击命令按钮栏中的"包覆"按钮 🛢,在弹出的"包覆"属性管理器中,将"包覆"类型设为"蚀雕",输入蚀雕距离为0.1mm,选择外圆柱面为包覆面。

(8)单击"确定"按钮 ✔,在圆环的外表面上创建一圈文字,如图2-192所示。

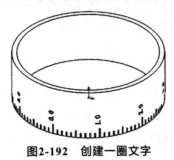

图2-192 创建一圈文字

(9)单击"保存"按钮 🖫,将文件名称设为"千分尺微分筒"。

2.10 螺旋线（1）：创建一般弹簧

本节通过创建弹簧，掌握螺旋线和扫描命令的使用方法。

1．创建螺旋线

（1）单击"新建"按钮，弹出"新建SolidWorks文件"对话框，单击"零件"按钮。

（2）在设计树中选择上视基准面，在弹出的快捷按钮框中单击"草图绘制"按钮，单击命令按钮栏中的"圆"按钮，以原点为圆心，绘制一个圆（ϕ20mm），如图2-193所示。

（3）在标签栏中单击"特征"标签，再在命令按钮栏中单击"曲线"→"螺旋线/涡状线"按钮，在弹出的"螺旋线/涡状线"属性管理器中，将"定义方式"设为"高度和螺距"，选择"恒定螺距"单选按钮，将"高度"设为50mm，"螺距"设为8mm，"起始角度"设为0，如图2-194所示。

（4）单击"确定"按钮，创建螺旋线，如图2-195所示。

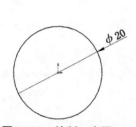

图2-193　绘制一个圆

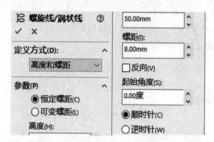

图2-194　设定"螺旋线/涡状线"参数

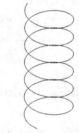

图2-195　创建螺旋线

2．创建草图

在设计树中选择右视基准面，在弹出的快捷按钮框中单击"正视于"按钮，再次选择右视基准面，在弹出的快捷按钮框中单击"草图绘制"按钮，以螺旋线的起点为中心，绘制一个矩形（5mm×3mm），如图2-196所示。

3．创建弹簧实体

（1）在标签栏中单击"特征"标签，再在命令按钮栏中单击"扫描"按钮，弹出"扫描"属性管理器，在"轮廓和路径"栏中选择"草图轮廓"单选按钮，选择上一步创建的矩形为扫描截面，选择螺旋线为扫描路径，如图2-197所示。

（2）单击"确定"按钮，创建弹簧，如图2-198所示。

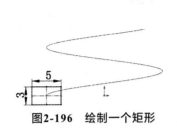

图2-196　绘制一个矩形

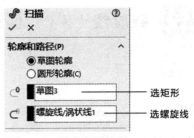
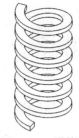

选矩形
选螺旋线

图2-197　设定扫描参数

图2-198　弹簧

（3）单击"保存"按钮🖫，将文件名称设为"弹簧"。

2.11 螺旋线（2）：创建可变螺距弹簧

将2.10节的一般弹簧更改为可变螺距弹簧，步骤如下。

（1）在设计树中选择"螺旋线/涡状线"，在弹出的快捷菜单中单击"编辑特征"按钮🗟，如图2-199所示。

（2）在"参数"栏中选择"可变螺距"单选按钮，在"区域参数"栏中设置可变螺距的参数，如图2-200所示。

图2-199　单击"编辑特征"按钮

	高度	螺距	圈数	直径
1	0mm	4mm	0	20mm
2	50mm	8mm	8.3333	15mm
3	100m	12mm	13.333	20mm
4	150m	16mm	16.904	15mm

图2-200　设定可变螺距参数

（3）单击"确定"按钮 ✔，创建变螺距螺旋线。

（4）在设计树中选择"扫描1"，在弹出的快捷菜单中单击"编辑特征"按钮🗟，弹出"扫描1"属性管理器，在"轮廓和路径"栏中选择"圆形轮廓"单选按钮，输入圆形的直径为ϕ3mm。

（5）单击"确定"按钮 ✔，创建可变螺距弹簧，弹簧截面为圆形，如图2-201所示。

图2-201　创建可变螺距弹簧

（6）单击"保存"按钮🖫，将文件名称设为"可变螺距弹簧"。

2.12 螺旋线（3）：创建环状弹簧

创建环状弹簧的步骤如下。

1. 创建环状弹簧的大小

（1）单击"新建"按钮，弹出"新建SolidWorks文件"对话框，单击"零件"按钮。

（2）在设计树中选择上视基准面，在弹出的快捷按钮框中单击"草图绘制"按钮，单击"三点圆弧"按钮，以原点为中心，绘制一个圆弧（*R*100mm），圆弧的左端点与圆心在同一水平线上，下端点与圆心在同一竖直线上，如图2-202所示，再单击"退出草图"按钮，创建弹簧扫描轮廓。

2. 创建环状弹簧草图

在设计树中选择上视基准面，在弹出的快捷按钮框中单击"正视于"按钮，再次选择上视基准面，在弹出的快捷按钮框中单击"草图绘制"按钮，单击"圆"按钮，绘制一个圆（ϕ8mm），该圆的圆心与大圆的端点在同一竖直线上，如图2-203所示，然后单击"退出草图"按钮，创建弹簧的草图。

图2-202　绘制一个圆弧（*R*100mm）

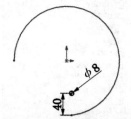

图2-203　绘制一个圆（ϕ8mm）

3. 创建环状弹簧

（1）在标签栏中单击"特征"标签，再在命令按钮栏中单击"扫描"按钮，弹出"扫描"属性管理器。

（2）在"轮廓和路径"栏中选择"草图轮廓"单选按钮，将草图2设为草图轮廓，将草图1设为扫描路径，将"轮廓方位"设为"随路径变化"，"轮廓扭转"设为"指定扭转值"，"扭转控制"设为"度数"，"方向1"设为6000°，如图2-204所示。

（3）单击"确定"按钮，创建环状弹簧，如图2-205所示。

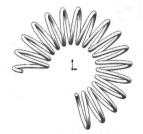

图2-204　设置"扫描"属性管理器　　　　图2-205　创建环状弹簧

提示：请读者自行调整"方向1"中的度数，观察环状弹簧有什么变化?

2.13 螺旋线（4）：创建拉勾弹簧

本节创建如图2-206所示的拉勾弹簧。

图2-206　拉勾弹簧

1．创建螺旋线

（1）单击"新建"按钮 ，弹出"新建SolidWorks文件"对话框，单击"零件"按钮 。

（2）在设计树中选择上视基准面，在弹出的快捷按钮框中单击"草图绘制"按钮 ，单击"圆"按钮 ，以原点为圆心，绘制一个圆（φ20mm），如图2-193所示。

（3）在标签栏中单击"特征"标签，再在命令按钮栏中单击"曲线"→"螺旋线/涡状线"按钮 ，在弹出的"螺旋线/涡状线"属性管理器中，将"定义方式"设为"高度和螺距"，选择"恒定螺距"单选按钮，将"高度"设为50mm，"螺距"设为8mm，"起始角度"设为0，如图2-194所示。

（4）单击"确定"按钮 ，创建螺旋线，如图2-195所示。

2．创建基准面1

（1）在命令按钮栏中单击"参考"→"基准面"按钮 。

（2）选择螺旋线的上端点，弹出"基准面1"属性管理器，在"第一参考"栏中设为"重合"，再选择螺旋线，在"第二参考"栏中设为"垂直"，如图2-207所示。

（3）单击"确定"按钮 ，创建基准面1，该基准面经过螺旋线的上端点，且与螺旋线垂直，如图2-208所示。

3. 创建草图1

（1）选择基准面1，在弹出的快捷按钮框中单击"正视于"按钮 ![正视于图标]，再次选择基准面1，在弹出的快捷按钮框中单击"草图绘制"按钮 ![草图绘制图标]，在命令按钮栏中单击"三点圆弧"按钮 ![三点圆弧图标]，任意绘制一个圆弧，如图2-209所示。

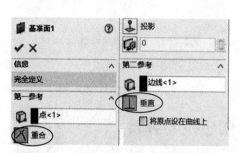

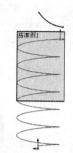

图2-207　设置"基准面1"属性管理器　　　图2-208　创建基准面1　　图2-209　绘制圆弧

（2）在命令按钮栏中单击"转换实体引用"按钮 ![转换实体引用图标]，如图2-210所示。

图2-210　单击"转换实体引用"按钮

（3）选择螺旋线，单击"确定"按钮 ![确定图标]，将螺旋线投影到基准面1上。

（4）选择投影后的曲线，右击，在弹出的快捷菜单中单击"构造几何线"按钮，如图2-211所示，将投影后的曲线转换为构造几何线。

（5）在命令按钮栏中单击"显示/删除几何关系"→"添加几何关系"，选择圆弧的端点和构造几何线的端点，在屏幕左侧单击"重合"按钮 ![重合图标]，将圆弧的端点和构造几何线的端点设为重合。

（6）经过原点绘制一条竖直中心线，再在命令按钮中单击"智能尺寸"按钮 ![智能尺寸图标]，标注尺寸，如图2-212所示。

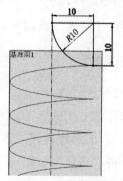

图2-211　单击"构造几何线"按钮　　　　图2-212　标注尺寸

（7）单击"退出草图"按钮↳，完成草图1。

4．创建基准面2

（1）在命令按钮栏中单击"基准面"按钮▤，弹出"基准面2"属性管理器。

（2）选择圆弧的上端点，在"第一参考"栏中设为"重合"，再选择圆弧，在"第二参考"栏中设为"垂直"。

（3）单击"确定"按钮✔，创建基准面2，该基准面经过圆弧的上端点，且与圆弧垂直，如图2-213所示。

5．创建草图2

（1）选择基准面2，在弹出的快捷按钮框中单击"草图绘制"按钮▤，在命令按钮栏中单击"三点圆弧"按钮⌒，任意绘制一个圆弧，如图2-214所示。

（2）在命令按钮栏中单击"显示/删除几何关系"→"添加几何关系"，选择圆弧的圆心和坐标原点，在屏幕左侧单击"重合"按钮⚐，将圆弧的圆心和坐标原点设为重合。

（3）选择圆弧的端点和坐标原点，在工作区左侧单击"水平"按钮▭，将圆弧的端点和坐标原点设在同一水平线上。

（4）在命令按钮栏中单击"智能尺寸"按钮⚐，标注圆弧半径（$R10mm$），如图2-215所示。

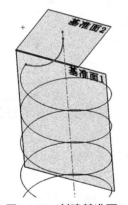

图2-213 创建基准面2

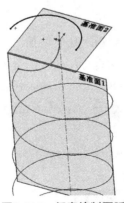

图2-214 任意绘制圆弧

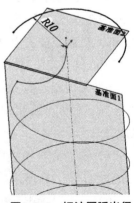

图2-215 标注圆弧半径

6．创建投影曲线

（1）在标签栏中单击"特征"标签，再在命令按钮栏中单击"曲线"→"投影曲线"，如图2-216所示。

图2-216　单击"曲线"→"投影曲线"

（2）选择草图2和草图3作为要投影的草图，单击"确定"按钮 ✔，创建投影曲线，如图2-217所示。

7. 创建草图3

（1）选择右视基准面，在弹出的快捷按钮框中单击"正视于"按钮 🔱，再次选择右视基准面，在弹出的快捷按钮框中单击"草图绘制"按钮 📇，任意绘制一个圆弧，如图2-218所示。

（2）在命令按钮栏中单击"转换实体引用"按钮 🗇，选择投影曲线，再单击"确定"按钮 ✔，将投影曲线再次投影到右视基准面上。

（3）选择投影后的曲线，右击，在弹出的快捷菜单中单击"构造几何线"按钮，将投影后的曲线转换为构造几何线。

（4）在命令按钮栏中单击"显示/删除几何关系"→"添加几何关系"，选择圆弧的端点和构造几何线的端点，在工作区左侧单击"重合"按钮 ⅄，将圆弧的端点和构造几何线的端点设为重合。

（5）在命令按钮栏中单击"显示/删除几何关系"→"添加几何关系"，选择圆弧的圆心和中心线，在工作区左侧单击"重合"按钮 ⅄，将圆弧的圆心和中心线设为重合。

（6）采用相同的方法，将圆弧的端点与曲线的端点设为重合。

（7）选择圆弧和曲线，在屏幕左侧单击"相切"按钮 ◔，将圆弧和曲线设为相切。

（8）在命令按钮栏中单击"智能尺寸"按钮 🖎，标注圆弧端点到圆心的竖直距离为5mm，如图2-219所示。

（9）单击"确定"按钮 ✔，创建草图3。

图2-217　创建投影曲线

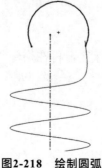

图2-218　绘制圆弧

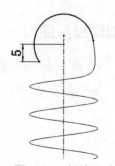

图2-219　标注尺寸

8. 创建拉勾弹簧

（1）在图2-216中单击"组合曲线"，选择螺旋线、投影曲线和草图3，单击"确定"按钮 ✔，将上述曲线组合成一条曲线。（提示，如果上述曲线的端点没有重合，将无法组合成一条曲线。）

（2）在标签栏中单击"特征"标签，再在命令按钮栏中单击"扫描"按钮 🐛，弹出"扫描"属性管理器，在"轮廓和路径"栏中选择"圆形轮廓"单选按钮，选择螺旋线为扫描路径，将截面直径设为 ϕ3mm，如图2-220所示。

（3）单击"确定"按钮 ✔，创建拉勾弹簧，如图2-221所示。

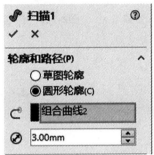

图2-220 设置"扫描"属性管理器参数 　　图2-221 创建拉勾弹簧

（4）单击"保存"按钮 💾，将文件名称设为"拉勾弹簧"。

2.14 ▶ 螺旋线（5）：创建涡状弹簧

创建如图2-222所示的涡状弹簧。

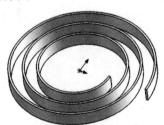

图2-222 涡状弹簧

1. 创建螺旋线

（1）单击"新建"按钮 📄，弹出"新建SolidWorks文件"对话框，单击"零件"按钮 🖑。

（2）在设计树中选择前视基准面，在弹出的快捷按钮框中单击"草图绘制"按钮 ✏️。

（3）单击标签栏中的"草图"标签，再在命令按钮栏中单击"圆"按钮 ⊙，以原点为圆心，绘制一个圆（ϕ100mm），如图2-223所示。

（4）单击"特征"标签，再在命令按钮栏中单击"曲线"→"螺旋线/涡状线"，在弹出的"螺旋线/涡状线"属性管理器中，将"定义方式"设为"涡状线"，"螺距"设为20mm，"圈数"设为3，"起始角度"设为0，如图2-224所示。

（5）单击"确定"按钮 ✓，创建涡状线，如图2-225所示。

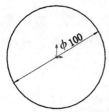

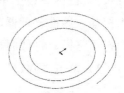

图2-223　绘制一个圆　　　图2-224　设定"螺旋线/涡状线"参数　　　图2-225　创建涡状线

2. 创建截面草图

（1）选择上视基准面，在弹出的快捷按钮框中单击"正视于"按钮，再次选择上视基准面，在弹出的快捷按钮框中单击"草图绘制"按钮，以涡状线的端点为中心，绘制一个矩形（3mm×20mm），如图2-226所示。

（2）单击标签栏中的"特征"标签，再在命令按钮栏中单击"扫描"按钮，在"扫描"属性管理器中选择"草图轮廓"单选按钮，选择上一步创建的草图为扫描截面，选择涡状线为扫描路径。

（3）单击"确定"按钮 ✓，创建涡状弹簧，如图2-227所示。

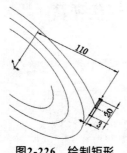
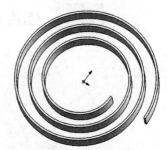

图2-226　绘制矩形　　　　　　　图2-227　创建涡状弹簧

（4）单击"保存"按钮，将文件名称设为"涡状弹簧"。

2.15 螺旋线（6）：创建发热管

创建如图2-228所示的发热管。

图2-228　发热管

1．创建螺旋线

（1）单击"新建"按钮，弹出"新建SolidWorks文件"对话框，单击"零件"按钮。

（2）在设计树中选择上视基准面，在弹出的快捷按钮框中单击"草图绘制"按钮。

（3）单击"圆"按钮，以原点为圆心，绘制一个圆（ϕ120mm），如图2-229所示。

（4）在标签栏中单击"特征"标签，再在命令按钮栏中单击"曲线"→"螺旋线/涡状线"按钮，在弹出的"螺旋线/涡状线"属性管理器中，将"定义方式"设为"螺距和圈数"，选择"恒定螺距"单选按钮，将"螺距"设为50mm，"圈数"设为5，"起始角度"设为0，如图2-230所示。

（5）单击"确定"按钮，创建螺旋线，如图2-231所示。

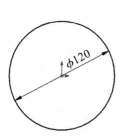

图2-229　绘制一个圆

图2-230　设定螺旋线参数

图2-231　创建螺旋线

2．创建基准面

（1）在命令按钮栏中单击"参考"→"基准面"按钮，在"基准面"属性管理器中单击"零件"按钮。

（2）选择螺旋线的下端点，在"第一参考"栏中单击"重合"按钮，再选择前视基准面，在"第二参考"栏中单击"平行"按钮，如图2-232所示。

（3）单击"确定"按钮 ✔，创建基准面1，该基准面经过螺旋线的下端点，且与前视基准面平行，如图2-233所示。

（4）采用相同的方法，创建基准面2，该基准面经过螺旋线的上端点，且与上视基准面平行，如图2-234所示。

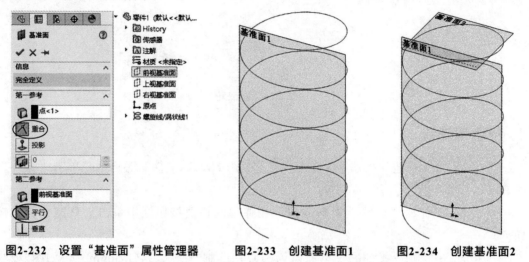

图2-232　设置"基准面"属性管理器　　图2-233　创建基准面1　　图2-234　创建基准面2

3. 创建草图2

（1）选择基准面1，在弹出的快捷按钮框中单击"正视于"按钮，再次选择基准面1，在弹出的快捷按钮框中单击"草图绘制"按钮，经过螺旋线的端点，绘制一条圆弧和竖直线，其中圆弧与螺旋线相切，也与竖直线相切，如图2-235所示。

（2）单击"确定"按钮 ✔，创建草图2。

4. 创建草图3

（1）选择基准面2，在弹出的快捷按钮框中单击"正视于"按钮，再次选择基准面2，在弹出的快捷按钮框中单击"草图绘制"按钮，经过原点绘制一条直线，并绘制一条圆弧与直线相切，原点、圆弧的圆心点和圆弧的端点在同一竖直线上，如图2-236所示。

（2）单击"确定"按钮 ✔，创建草图3。

5. 创建基准面3

（1）在命令按钮栏中单击"参考"→"基准面"按钮，在"基准面"属性管理器中单击"零件"按钮。

（2）选择草图3中的直线，在"第一参考"栏设为"重合"，再选择上视基准面，在"第二参考"栏设为"垂直"。

（3）单击"确定"按钮 ✔，创建基准面3，该基准面经过草图3中的直线，且与上视基准面垂直，如图2-237所示。

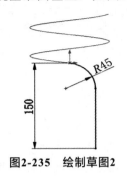

图2-235　绘制草图2

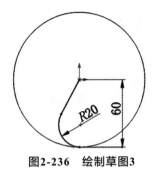

图2-236　绘制草图3

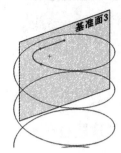

图2-237　创建基准面3

6．创建草图4

（1）选择基准面3，在弹出的快捷按钮框中单击"正视于"按钮 ，再次选择基准面3，在弹出的快捷按钮框中单击"草图绘制"按钮 ，经过草图3中直线的端点绘制一个圆弧和一条直线，如图2-238所示。其中，圆弧与相邻直线相切，直线的下端点与图2-235草图的下端点在同一水平线上。

（2）单击"确定"按钮 ，创建草图4，如图2-239所示。

（3）在命令按钮栏中单击"曲线"→"组合曲线"按钮 ，选择螺旋线、投影曲线、草图3和草图4，单击"确定"按钮 ，将上述曲线组合成一条曲线。（提示，如果上述曲线的端点没有重合，将无法组合成一条曲线。）

7．创建基准面4

（1）在命令按钮栏中单击"参考"→"基准面"按钮 ，在"基准面"属性管理器中单击"零件"按钮 。

（2）选择草图4中直线的端点，在"基准面4"属性管理器的"第一参考"栏中设为"重合"，再选择上视基准面，在"第二参考"栏中设为"平行"。

（3）单击"确定"按钮 ，创建基准面4，该基准面经过草图4中直线的端点，且与上视基准面平行，如图2-240所示。

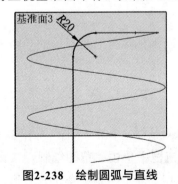

图2-238　绘制圆弧与直线

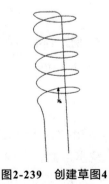

图2-239　创建草图4

图2-240　创建基准面4

8．创建扫描实体

（1）在标签栏中单击"特征"标签，再在命令按钮栏中单击"扫描"按钮 🐛，在"扫描"属性管理器中选择"圆形轮廓"单选按钮，选择组合曲线为扫描路径，将扫描截面直径设为φ10mm。

（2）单击"确定"按钮 ✔，创建发热管，如图2-241所示。

9．创建圆柱体

（1）选择基准面4，在弹出的快捷按钮框中单击"正视于"按钮 🛬，再次选择基准面4，在弹出的快捷按钮框中单击"草图绘制"按钮 🗂，经过草图4中直线的端点为圆心绘制一个圆，直径为φ180mm，如图2-242所示。

（2）在标签栏中单击"特征"标签，再在命令按钮栏中单击"拉伸凸台/基体"按钮 🐷，在"凸台-拉伸"属性管理器中，将"深度" 📤设为40mm。

（3）单击"确定"按钮 ✔，创建圆柱体，如图2-243所示。

 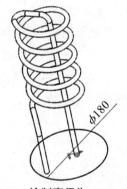 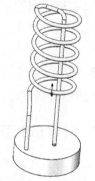

图2-241　创建发热管　　图2-242　绘制直径为φ180mm的圆　　图2-243　创建圆柱体

（4）单击"保存"按钮 🖫，将文件名称设为"发热管"。

2.16 ▶ 螺旋线（7）：创建外六角螺栓

本节以M10的外六角螺栓为例，详细说明螺栓的造型。国标对外六角螺栓的规格做了详细的说明，如表2-1所示（单位：mm）。

1．创建螺帽

（1）单击"新建"按钮 🗋，弹出"新建SolidWorks文件"对话框，单击"零件"按钮 🝪。

（2）在设计树中选择右视基准面，在弹出的快捷按钮框中单击"草图绘制"按钮 🗂，在命令按钮栏中单击"多边形"按钮 ⬡，以原点为中心，任意绘制一个正六边形，如图2-244所示。

表 2-1　外六角螺栓规格

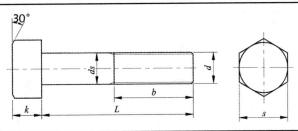

公称直径（d）	螺距 p	b			ds		k		s	
		L ≤ 125	125 ≤ L ≤ 200	L ≥ 200	Max	Min	Max	Min	Max	Min
M4	0.7	14	20	33	4	3.7	3	2.6	7	6.64
M5	0.8	16	22	35	5	4.7	3.24	2.76	8	7.64
M6	1	18	24	37	6	5.7	4.24	3.76	10	9.64
M8	1.25	22	28	41	8	7.64	5.54	5.06	13	12.57
M10	1.5	26	32	45	10	9.64	6.69	6.11	16	16.57
M12	1.75	30	36	49	12	11.57	7.79	7.21	18	18.48
M14	2	34	40	53	14	13.57	9.09	8.51	21	21.16
M16	2	38	44	57	16	15.57	10.29	9.71	24	23.16
M18	2.5	42	48	61	18	17.57	11.85	11.15	27	26.15

（3）在命令按钮栏中单击"显示/删除几何关系"→"添加几何关系"，选择坐标原点和多边形的顶点A，再在"添加几何关系"属性管理器中单击"水平"按钮，将坐标原点和顶点A设为在同一水平线上，将多边形摆正，如图2-245所示。

（4）标注尺寸，如图2-246所示。

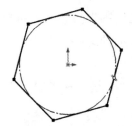

图2-244　绘制正六边形

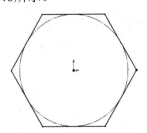

图2-245　将多边形摆正

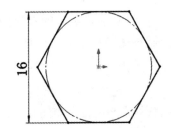

图2-246　标注尺寸

（5）在标签栏中单击"特征"标签，再在命令按钮栏中单击"拉伸凸台/基体"按钮，在"凸台-拉伸"属性管理器的"深度"栏中输入6.69mm，单击"确定"按钮，创建螺栓帽，如图2-247所示。

（6）在设计树中选择前视基准面，在弹出的快捷按钮框中单击"草图绘制"按钮，选择前视基准面作为草图绘制基准面。

（7）绘制一个直角三角形，其中顶角为30°，如图2-248所示。

（8）经过原点绘制一条水平中心线。

（9）在标签栏中单击"特征"标签，再在命令按钮栏中单击"旋转切除"按钮，在"旋转"属性管理器中，在"方向1（1）"栏中选择"给定深度"，将"旋转角度"设为360°。

（10）单击"确定"按钮✔，在螺帽边创建30°斜面，按住鼠标中键，旋转后如图2-249所示。

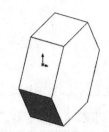

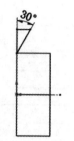

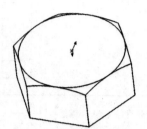

图2-247　创建螺栓帽　　　图2-248　绘制一个三角形　　　图2-249　创建螺帽的斜面

2. 创建螺杆

（1）选择螺帽的右端面，在弹出的快捷按钮框中单击"正视于"按钮↧，再次选择螺帽的右端面，在弹出的快捷按钮框中单击"草图绘制"按钮▱，选择螺帽的右端面作为草图绘制基准面。

（2）以原点为圆心绘制一个圆，直径为10mm，如图2-250所示。

（3）在标签栏中单击"特征"标签，再在命令按钮栏中单击"拉伸凸台/基体"按钮▥。在"凸台-拉伸"属性管理器中的"深度"❀栏中输入50mm，单击"确定"按钮✔，创建螺杆，如图2-251所示。

3. 创建螺旋线

（1）选择圆柱的右端面，在弹出的快捷按钮框中单击"草图绘制"按钮▱，再单击命令按钮栏中的"转换实体引用"按钮▦，系统自动选择圆柱端面的边线，单击"确定"按钮✔，将圆柱端面的边线转换成草图圆。

（2）在标签栏中单击"特征"标签，再在命令按钮栏中单击"曲线"→"螺旋线/涡状线"按钮§，如图2-252所示。

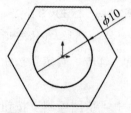

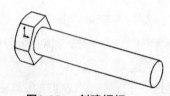

图2-250　绘制一个圆　　　图2-251　创建螺杆　　　图2-252　单击"螺旋线/涡状线"按钮

（3）在"螺旋线/涡状线"属性管理器中，在"参数"栏中选择"螺距和圈数"选项，在"参数"栏中选择"可变螺距"单选按钮，在"区域参数"栏中设置可变螺距的参数，选中"反向"复选框，选择"顺时针"单选按钮，将"起始角度"设为0，如图2-253所示。

（4）单击"确定"按钮✔，创建螺旋线，如图2-254所示。

（5）选择上视基准面，在弹出的快捷按钮框中单击"正视于"按钮 ⬆，再次选择上视基准面，在弹出的快捷按钮框中单击"草图绘制"按钮 ▣，选择上视基准面作为草图绘制基准面。

（6）绘制一个等边三角形，边长为1.45mm，顶点与原点的竖直距离为3.8mm，如图2-255所示。（注意，等边三角形的边长必须比螺距小，否则在创建扫描切除时，会发出操作不成功的警告。）

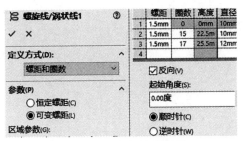

图2-253　设定螺旋线参数

图2-254　创建螺旋线

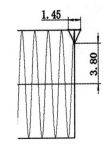

图2-255　绘制等边三角形

（7）单击"退出草图"按钮 ↪，创建等边三角形。

（8）在标签栏中单击"特征"标签，再在命令按钮栏中单击"扫描切除"按钮 ▣，选择三角形草图为扫描截面，选择螺旋线为扫描路径，单击"确定"按钮 ✔，创建螺纹，如图2-256所示。

提示：在模型树中选择"螺旋线/涡状线1"，在弹出的快捷按钮框中单击"隐藏"按钮 ◐，隐藏螺旋线。

4．创建倒角

螺杆的端面有一个倒角特征，可以按以下步骤操作。

（1）在模型树中将横线拖到"螺旋线/涡状线1"与"切除-扫描1"之间，如图2-257所示，隐藏螺纹。

（2）在命令按钮栏中单击"圆角"→"倒角"按钮 ◈，如图2-258所示。

图2-256　创建螺纹

图2-257　拖动横线

图2-258　单击"倒角"按钮

（3）选择圆柱端面的边线，在"倒角"操控板中设定倒角的距离为1mm。

（4）单击"确定"按钮 ✔，创建倒角特征。

（5）在模型树中将横线拖到"切除-扫描1"之后，显示螺纹，如图2-259所示。

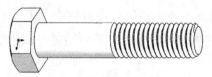

图2-259　创建螺纹

（6）单击"保存"按钮，将文件名称设为"外六角螺栓"。

2.17 扭曲：创建麻花钻

创建如图2-260所示的麻花钻。

图2-260　麻花钻

1. 创建刀具主体

（1）单击"新建"按钮，弹出"新建SolidWorks文件"对话框，单击"零件"按钮。

（2）在设计树中选择前视基准面，在弹出的快捷按钮框中单击"草图绘制"按钮，绘制刀杆主体草图，如图2-261所示。

（3）在标签栏中单击"特征"标签，再在命令按钮栏中单击"拉伸凸台/基体"按钮。在"凸台-拉伸"属性管理器的"深度"栏中输入200mm，单击"确定"按钮，创建刀杆主体。

（4）在设计树中选择前视基准面，绘制一个草图，如图2-262所示。

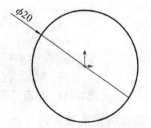

图2-261　绘制刀杆主体草图

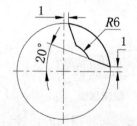

图2-262　创建刀刃截面草图

（5）单击"退出草图"按钮，创建麻花钻刀刃截面。

（6）在设计树中选择上视基准面，绘制刀刃扫描路径草图，如图2-263所示。

（7）单击"退出草图"按钮，创建刀刃扫描路径。

（8）在标签栏中单击"特征"标签，再在命令按钮栏中单击"扫描切除"按钮，选择如图2-263所示的草图为扫描截面，选择如图2-264所示的草图为扫描路径，单击"确定"按钮 ✓，创建切除特征，如图2-264所示。

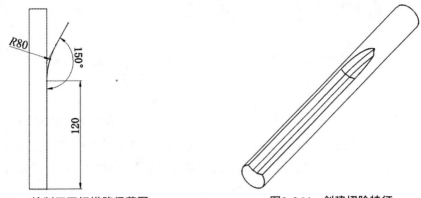

图2-263　绘制刀刃扫描路径草图　　　　　图2-264　创建切除特征

（9）在命令按钮栏中单击"线性草图阵列"→"圆周阵列"按钮 ✿，在"阵列（圆周）1"属性管理器中单击"方向1"下面的显示框，选择刀杆主体的圆柱面，将圆柱中心轴设为阵列的中心，选择"等间距"单选按钮，将"阵列个数"设为2，如图2-265所示。

（10）单击"确定"按钮 ✓，将刀刃进行阵列，如图2-266所示。

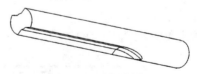

图2-265　设置"阵列（圆周）1"属性管理器　　　　图2-266　阵列刀刃

2.创建扭曲

（1）单击 ⅔ SOLIDWORKS ▸旁边的▸符号，在菜单栏中选择"插入"→"特征"→"弯曲"命令。

（2）在"弯曲"属性管理器中，选择"扭曲"单选按钮，将"角度"设为720°，如图2-267所示。

（3）选择拉伸体之后，再单击"确定"按钮 ✓，创建扭曲体，如图2-268所示。

图2-267　设置"弯曲"参数

图2-268　创建扭曲

（4）选择右视基准面，在弹出的快捷按钮框中单击"正视于"按钮，再次选择右视基准面，在弹出的快捷按钮框中单击"草图绘制"按钮，经过原点绘制一条水平中心线，并绘制一个三角形，如图2-269所示。

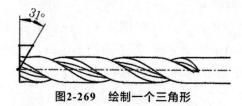

图2-269　绘制一个三角形

（5）在标签栏中单击"特征"标签，再在命令按钮栏中单击"旋转切除"按钮，在"旋转"属性管理器中，在"方向1（1）"栏中选择"给定深度"，将"旋转角度"设为360°。

（6）单击"确定"按钮，创建刀尖，所创建的麻花钻如图2-260所示。

（7）单击"保存"按钮，将文件名称设为"麻花钻"。

2.18 ▶ 轴类建模：创建传动轴

创建如图2-270所示的传动轴。

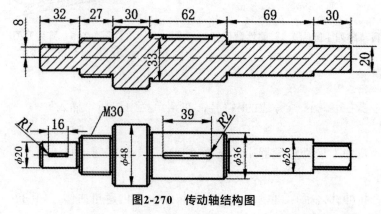

图2-270　传动轴结构图

前面讲述了用扫描切除的方法绘制外六角螺栓，由于在绘制工程图时，SolidWorks

不能用简易画法绘制扫描切除创建的螺纹，这里介绍一种通用插入螺纹方法，以便SolidWorks在绘制工程图时，用简易画法绘制实体上的螺纹。

1．创建旋转体

（1）单击"新建"按钮，弹出"新建SolidWorks文件"对话框，单击"零件"按钮。

（2）在设计树中选择右视基准面，在弹出的快捷按钮框中单击"草图绘制"按钮，以原点为圆心，绘制一个圆（φ20mm），如图2-271所示。

（3）在标签栏中单击"特征"标签，再在命令按钮栏中单击"拉伸凸台/基体"按钮，在"凸台-拉伸"属性管理器中的"深度"栏中输入30mm。

（4）单击"确定"按钮，创建第一个圆柱体，如图2-272所示。

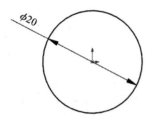 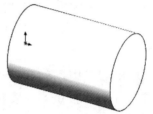

图2-271　绘制第一个圆　　　　　**图2-272　创建第一个圆柱体**

（5）选择圆柱体的右侧端面，在弹出的快捷按钮框中单击"草图绘制"按钮，以原点为圆心绘制一个圆（φ18mm），如图2-273所示。

（6）在标签栏中单击"特征"标签，再在命令按钮栏中单击"拉伸凸台/基体"按钮，在"凸台-拉伸"属性管理器中的"深度"栏中输入2mm。

（7）单击"确定"按钮，创建第二个圆柱体，如图2-274所示。

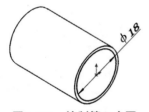 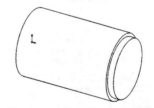

图2-273　绘制第二个圆　　　　　**图2-274　创建第二个圆柱体**

（8）按照上述方法，创建以下圆柱体，尺寸分别为 φ30mm×25mm、φ26mm×2mm、φ48mm×30mm、φ32mm×2mm、φ36mm×60mm、φ22mm×2mm、φ26mm×97mm，效果如图2-275所示。

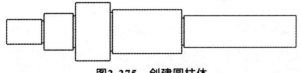

图2-275　创建圆柱体

提示： 在创建传动轴之类的实体时，将不同直径的圆柱分开创建，可以简化草绘。

（9）在命令按钮栏中单击"倒角"按钮 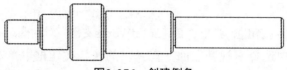。

（10）选择圆柱端面的边线，在"倒角"操控板中设定倒角的距离为1mm。

（11）单击"确定"按钮 ✔，创建倒角，如图2-276所示。

图2-276　创建倒角

提示：在创建倒角、圆角时，一般是先创建实体，再在实体上创建倒角、圆角。

2. 创建键槽

（1）在命令按钮栏中单击"参考"→"基准面"按钮 。

（2）在"基准面"属性管理器中单击"零件"按钮 ，在工作区左侧显示设计树，如图2-277所示。

（3）在图2-277中，单击"第一参考"显示框，在设计树中选择上视基准面为参考面，单击"平行"按钮 ；接着单击"第二参考"显示框，在设计树中选择"旋转1"，再单击"相切"按钮 。

（4）单击"确定"按钮 ✔，创建基准面1，如图2-278所示。

（5）选择基准面1，在弹出的快捷按钮框中单击"正视于"按钮 ，再次选择基准面1，在弹出的快捷按钮框中单击"草图绘制"按钮 。

（6）单击"直槽口"按钮 ，如图2-279所示。

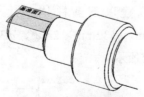

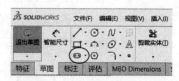

图2-277　设置"基准面"属性管理器　　图2-278　创建基准面1　　图2-279　单击"直槽口"按钮

（7）绘制一个截面，并绘制一条水平中心线，两个圆心点位于中心线上，如图2-280所示。

（8）在标签栏中单击"特征"标签，再在命令按钮栏中单击"拉伸切除"按钮 ，在"拉伸-切除"属性管理器中，将"方向1（1）"设为"给定深度"，将"深度"设为2mm。

（9）单击"确定"按钮 ✔，在圆柱1上创建一条键槽，如图2-281所示。

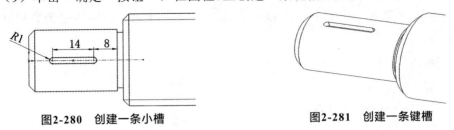

图2-280　创建一条小槽

图2-281　创建一条键槽

（10）采用相同的方法，在ϕ36mm×60mm的圆柱面上创建基准面2，如图2-282所示。

（11）创建第二条键槽，键槽尺寸如图2-283所示。

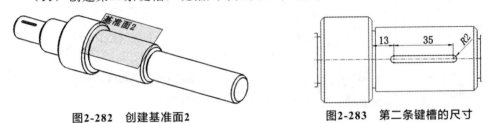

图2-282　创建基准面2

图2-283　第二条键槽的尺寸

3．创建端面特征

（1）选择传动轴的右端面，在弹出的快捷按钮框中单击"正视于"按钮 ，再次选择传动轴的右端面，在弹出的快捷按钮框中单击"草图绘制"按钮 ，绘制一个矩形（12mm×20mm），并经过原点绘制一条水平中心线，并将矩形的上、下两条水平边设为关于中心线对称，如图2-284所示。

（2）在标签栏中单击"特征"标签，再在命令按钮栏中单击"拉伸切除"按钮 ，在"拉伸-切除"属性管理器的"深度" 栏中输入30mm。

（3）单击"确定"按钮 ✔，在圆柱上切出一个平面，如图2-285所示。

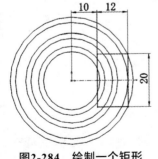

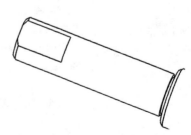

图2-284　绘制一个矩形

图2-285　在圆柱上切出一个平面

（4）在标签栏中单击"特征"标签，再在命令按钮栏中单击"线性草图阵列"→"圆周阵列"按钮 ，在弹出的"圆周阵列"属性管理器中单击"方向1"栏中的显示框，再选择传动轴的圆柱面，以圆柱面的中心轴为阵列方向，选择"等间距"单选按钮，将"总角度" 设为360°，"阵列个数"设为4，单击"特征和面"栏中的显示框，再选择上一步创建的"切除-拉伸3"，如图2-286所示。

（5）单击"确定"按钮 ✓，沿圆柱中心轴线进行阵列，将圆柱变为方形柱，如图2-287所示。

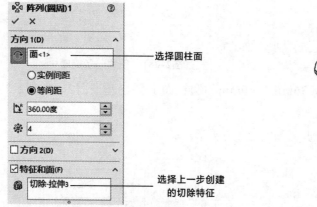

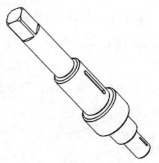

图2-286　设置阵列参数　　　　　　图2-287　创建阵列特征

（6）单击"保存"按钮 ■，将文件名称设为"传动轴"。

4. 用简易画法绘制螺纹

（1）单击菜单栏中的 ⚙，选择"选项"命令，在弹出的窗口中选择"文档属性"选项，然后选择"出详图"选项，再选中"上色的装饰螺纹线"复选框，如图2-288所示。

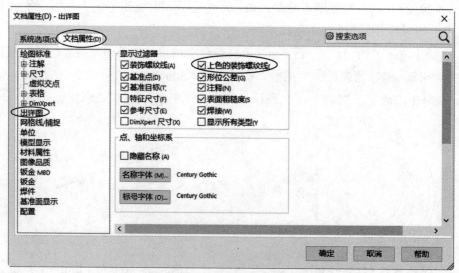

图2-288　选择"上色的装饰螺纹线"复选框

（2）单击"确定"按钮，退出"文档属性"窗口，再单击 ２Ｓ SOLIDWORKS ▶旁边的▶符号，在菜单栏中选择"插入"→"注解"→"装饰螺纹线"命令，弹出"装饰螺纹线"属性管理器。

（3）选择圆柱的边线，在"标准"栏中选择ISO，将"类型"设为"机械螺纹"，"大小"设为M30，选择"成形到下一面"，如图2-289所示。

（4）单击"确定"按钮✓，在圆柱的内部产生一个细实线的圆，表示螺纹，如图2-290所示。

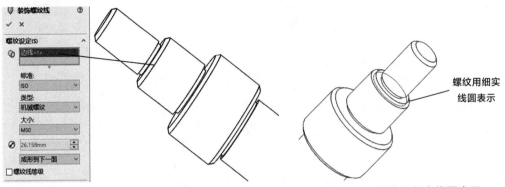

图2-289　设定螺纹参数　　　　图2-290　螺纹用细实线圆表示

（5）在绘制工程图时，当将实体导入工程图后，工程图上的螺纹直接用简易画法表示，如图2-291所示。具体方法在第7章中有详细讲解。

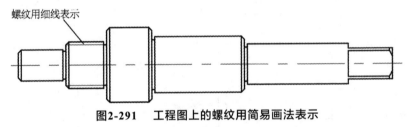

图2-291　工程图上的螺纹用简易画法表示

2.19 小结

本章主要讲解SolidWorks 2021草绘的基本命令，并讲解了几种基本的建模命令：拉伸、旋转、拉伸切除、包覆、螺旋线和扭曲等命令。在绘制实体模型时，应注意以下两点：第一是将复杂的零件分解为许多小步骤，不要一步到位；第二是尽量绘制简易的草绘，在草绘图上尽量不要使用倒圆角（倒斜角），如确有必要，应在实体上进行倒圆角（倒斜角），这样能简化建模过程。

2.20 ▶ 作业

绘制如图2-292～图2-294所示的图形。

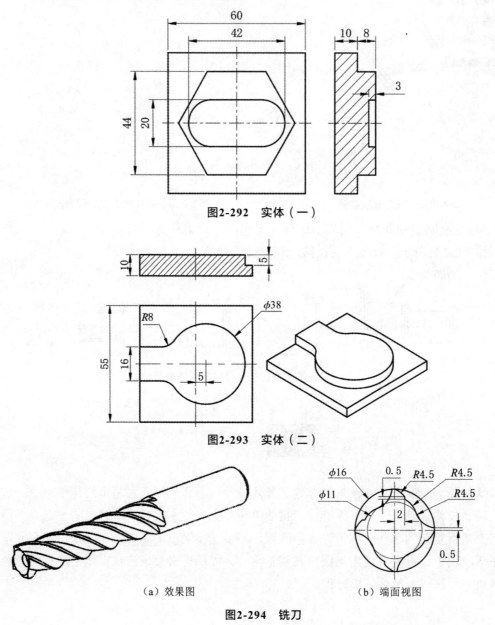

图2-292　实体（一）

图2-293　实体（二）

（a）效果图　　　（b）端面视图

图2-294　铣刀

第3章

编辑命令

本章以几个简单的零件为例，介绍在SolidWorks 2021中阵列、镜像等编辑命令的使用方法。

3.1 创建线性阵列

将特征沿一个方向进行阵列的方法，称为线性阵列，本节以绘制一排小孔为例，详细介绍线性阵列的创建方法，结构图如图3-1所示。

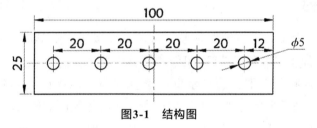

图3-1 结构图

1. 创建基本实体

（1）单击"新建"按钮📄，弹出"新建SolidWorks文件"对话框，单击"零件"按钮🗐。

（2）在设计树中选择上视基准面，在弹出的快捷按钮框中单击"草图绘制"按钮🗐，选择上视基准面作为草图绘制基准面。

（3）在命令按钮栏中单击"中心矩形"按钮⬜，以原点为中心，绘制一个矩形（100mm×25mm），如图3-2所示。

（4）在标签栏中单击"特征"标签，再在命令按钮栏中单击"拉伸凸台/基体"按钮🗐。

（5）在propertyManager模型树的"深度"🗐栏中输入5mm，单击"确定"按钮✔，即可创建一个长方体，如图3-3所示。

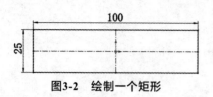

图3-2　绘制一个矩形

图3-3　创建一个实体

2．创建孔

（1）选择实体上表面，在弹出的快捷按钮框中单击"正视于"按钮，再次选择实体上表面，在弹出的快捷按钮框中单击"草图绘制"按钮，绘制一个圆，如图3-4所示。

（2）在标签栏中单击"特征"标签，再在命令按钮栏中单击"拉伸切除"按钮，在"拉伸切除"属性管理器的"方向1（1）"栏中选择"完全贯穿"。

（3）单击"确定"按钮，在实体上切出一个圆孔，如图3-5所示。

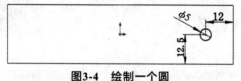

图3-4　绘制一个圆

图3-5　切出一个圆孔

3．创建线性阵列

（1）在标签栏中单击"特征"标签，再在命令按钮栏中单击"线性阵列"→"线性阵列"按钮，弹出"阵列（线性）1"属性管理器。

（2）单击"方向一"下面的显示框，选择实体的右端面为阵列方向，在"阵列（线性）1"属性管理器中单击"反方"按钮，使实体侧面的箭头朝向实体内部。

（3）在"阵列（线性）1"属性管理器中将"间距"设为20mm，"实例"数设为5，如图3-6所示。

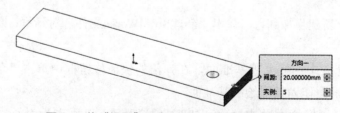

图3-6　将"间距"设为20mm，将"实例"设为5

（4）选择小孔的曲面，单击"确定"按钮，创建1行5列的线性阵列，如图3-7所示。

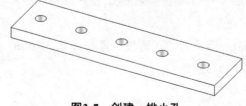

图3-7　创建一排小孔

3.2 创建矩形阵列（1）

将特征沿两个不同的方向进行线性阵列的方法，称为矩形阵列，本节以绘制多排小孔为例，详细介绍矩形阵列的创建方法，结构图如图3-8所示。

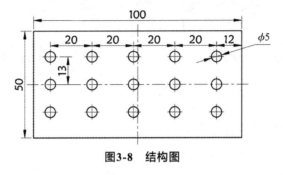

图3-8　结构图

1. 创建方体

（1）单击"新建"按钮，弹出"新建SolidWorks文件"对话框，单击"零件"按钮。

（2）在设计树中选择上视基准面，在弹出的快捷按钮框中单击"草图绘制"按钮，选择上视基准面作为草图绘制基准面。

（3）在命令按钮栏中单击"中心矩形"按钮，以原点为中心，绘制一个矩形（100mm×50mm），如图3-9所示。

（4）在标签栏中单击"特征"标签，再在命令按钮栏中单击"拉伸凸台/基体"按钮。

（5）在propertyManager模型树的"深度"栏中输入5mm，单击"确定"按钮，即可创建一个长方体，如图3-10所示。

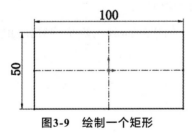

图3-9　绘制一个矩形

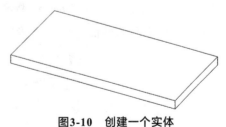

图3-10　创建一个实体

2. 创建孔

（1）选择实体上表面，在弹出的快捷按钮框中单击"正视于"按钮，再次选择实体上表面，在弹出的快捷按钮框中单击"草图绘制"按钮，绘制一个圆，先通过原点绘制一条水平中心线，再标注"13"，如图3-11所示。

（2）在标签栏中单击"特征"标签，再在命令按钮栏中单击"拉伸切除"按钮，在"拉伸切除"属性管理器的"方向1（1）"栏中选择"完全贯穿"。

（3）单击"确定"按钮 ✓，在实体上创建一个圆孔，如图3-12所示。

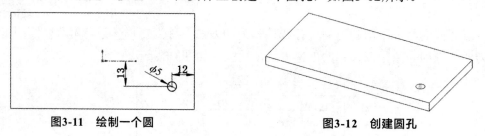

图3-11　绘制一个圆　　　　　　　　图3-12　创建圆孔

3. 创建阵列

（1）在标签栏中单击"特征"标签，再在命令按钮栏中单击"线性阵列"→"线性阵列"按钮，弹出"线性阵列"属性管理器。

（2）单击"方向一"下面的显示框，再选择实体的右侧面，在"线性阵列"属性管理器中单击"反方"按钮，使实体侧面的箭头朝向实体内部，在"线性阵列"属性管理器中将"间距"设为20mm，"实例"数设为5。

（3）单击"方向二"下面的显示框，再选择实体的前侧面，在"线性阵列"属性管理器中单击"反方"按钮，使实体侧面的箭头朝向实体内部，在"线性阵列"属性管理器中将"间距"设为13mm，"实例"数设为3，如图3-13所示。

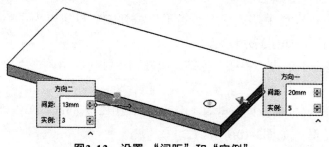

图3-13　设置"间距"和"实例"

（4）选择小孔的曲面，单击"确定"按钮 ✓，创建3行4列的矩形阵列，如图3-14所示。

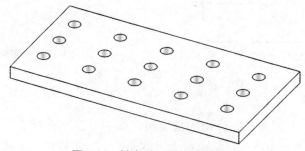

图3-14　创建3行4列的阵列小孔

3.3 创建矩形阵列（2）

当进行阵列的时候，必须用基准面确定阵列的方向。如果实体上没有可供阵列的基准面，必须利用软件提供的基准面进行阵列。本节通过在一个圆盘上创建矩形阵列，讲解利用软件所提供的基准面进行阵列的方法，结构图如图3-15所示。

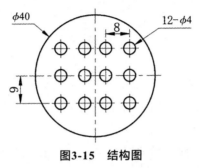

图3-15　结构图

1. 创建圆盘

（1）单击"新建"按钮，弹出"新建SolidWorks文件"对话框，单击"零件"按钮。

（2）在设计树中选择上视基准面，在弹出的快捷按钮框中单击"草图绘制"按钮，以原点为中心，绘制一个圆（ϕ40mm），如图3-16所示。

（3）在标签栏中单击"特征"标签，再在命令按钮栏中单击"拉伸凸台/基体"按钮。

（4）在propertyManager模型树的"深度"栏中输入2mm，单击"确定"按钮，创建一个圆盘，如图3-17所示。

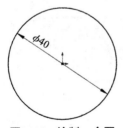

图3-16　绘制一个圆

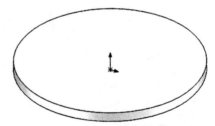

图3-17　创建一个圆盘

2. 创建孔

（1）选择实体上表面，在弹出的快捷按钮框中单击"正视于"按钮，再次选择实体上表面，在弹出的快捷按钮框中单击"草图绘制"按钮，绘制一个圆，如图3-18所示。

（2）在标签栏中单击"特征"标签，再在命令按钮栏中单击"拉伸切除"按钮，在"拉伸切除"属性管理器的"方向1（1）"栏中选择"完全贯穿"。

（3）单击"确定"按钮，在实体上切出一个圆孔，如图3-19所示。

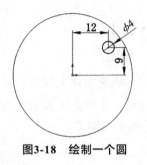

图3-18　绘制一个圆

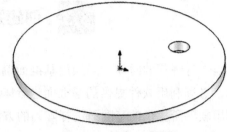

图3-19　切出一个圆孔

3.创建阵列

（1）在标签栏中单击"特征"标签，再在命令按钮栏中单击"线性阵列"→"线性阵列"按钮，在弹出的"线性阵列"属性管理器中单击"设计树"按钮，在属性管理器的右侧显示设计树，如图3-20所示。

（2）先在"线性阵列"属性管理器中单击 "方向1"的显示框，再选择右视基准面，在"线性阵列"属性管理器中单击"反方"按钮，使箭头朝向左侧，在"线性阵列"属性管理器中将"间距"设为8mm，将"实例"数设为4。

（3）先在"线性阵列"属性管理器中单击"方向2"的显示框，再选择前视基准面，在"线性阵列"属性管理器中将"间距"设为9mm，"实例"设为3。

（4）单击"确定"按钮，创建3行4列的小孔，如图3-21所示。

图3-20　显示设计树

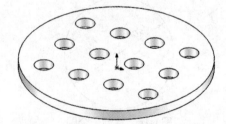

图3-21　在圆盘上创建3行4列的阵列

3.4　创建斜向阵列

软件所提供的基准面是水平或竖直的，如果阵列的方向是斜向的，必须创建斜向的基准面。本节通过创建一个斜向矩形阵列，同步讲解创建基准面的方法，结构图如图3-22所示。

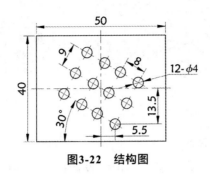

图3-22 结构图

1．绘制方体

（1）单击"新建"按钮，弹出"新建SolidWorks文件"对话框，单击"零件"按钮。

（2）在设计树中选择上视基准面，在弹出的快捷按钮框中单击"草图绘制"按钮，选择上视基准面作为草图绘制基准面。

（3）在命令按钮栏中单击"中心矩形"按钮，以原点为中心，绘制一个矩形（50mm×40mm），如图3-23所示。

（4）在标签栏中单击"特征"标签，再在命令按钮栏中单击"拉伸凸台/基体"按钮。

（5）在propertyManager模型树的"深度"栏中输入2mm，单击"确定"按钮，即可创建一个长方体，如图3-24所示。

2．创建孔

（1）选择实体上表面，在弹出的快捷按钮框中单击"正视于"按钮，再次选择实体上表面，在弹出的快捷按钮框中单击"草图绘制"按钮，绘制一个圆，如图3-25所示。

图3-23 绘制一个矩形　　　　图3-24 创建一个实体　　　　图3-25 绘制一个圆

（2）在标签栏中单击"特征"标签，再在命令按钮栏中单击"拉伸切除"按钮，在"拉伸切除"属性管理器的"方向1（1）"栏中选择"完全贯穿"。

（3）单击"确定"按钮，在实体上切出一个圆孔，如图3-26所示。

3．创建基准轴

（1）在标签栏中单击"特征"标签，再在命令按钮栏中单击"参考"→"基准轴"按钮，如图3-27所示。

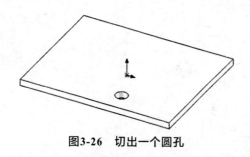

图3-26 切出一个圆孔

图3-27 单击"基准轴"按钮

（2）在"基准轴"属性管理器中单击"设计树"按钮，在右侧显示的设计树中选择前视基准面和右视基准面，如图3-28所示。

（3）单击"确定"按钮✓，通过前视基准面和右视基准面的交线创建一条基准轴。（基准轴可能比较短，看不清，拖动基准轴的端点，可以使基准轴伸长，使其更明显。）

4．创建基准面

（1）在标签栏中单击"特征"标签，再在图3-27中单击"基准面"按钮。

（2）在"基准面"属性管理器中单击"设计树"按钮，在右侧显示的设计树中选择前视基准面和基准轴1，在"基准面"属性管理器中将"角度"设为30°，如图3-29所示。

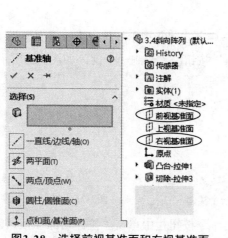

图3-28 选择前视基准面和右视基准面

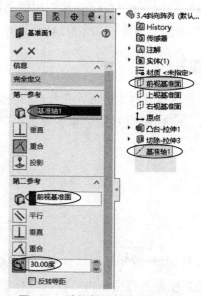

图3-29 选择前视基准面和基准轴1

（3）单击"确定"按钮✓，通过基准轴1创建一个基准面1，与前视基准面成30°夹角。

（4）采用相同的方法，通过基准轴1创建一个基准面2，与基准面1成90°夹角，如图3-30所示。

5．创建矩形阵列

（1）在标签栏中单击"特征"标签，再在命令按钮栏中单击"线性阵列"→"线性阵列"按钮，在弹出的"线性阵列"属性管理器中单击"设计树"按钮，在右侧显示设计树，如图3-20所示。

（2）在"线性阵列"属性管理器中单击 "方向1"的显示框，再选择基准面1，在"线性阵列"属性管理器中将"间距"设为8mm，"实例"数设为4。

（3）在"线性阵列"属性管理器中单击 "方向2"的显示框，再选择基准面2，在"线性阵列"属性管理器中将"间距"设为9mm，"实例"数设为3。

（4）单击"确定"按钮，创建3行4列的小孔，如图3-31所示。

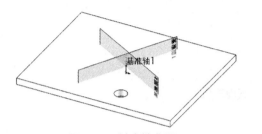

图3-30　创建基准面2

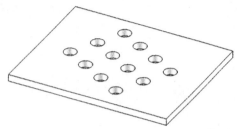

图3-31　创建3行4列的斜向阵列

3.5　创建圆周阵列（1）

在进行圆周阵列时，如果实体上没有基准轴，应先创建基准轴，再进行圆周阵列。实例结构如图3-32所示。

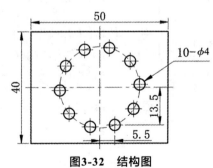

图3-32　结构图

（1）按照上一个实例，在平板上创建一个圆孔，以及一条基准轴，如图3-33所示。

（2）在标签栏中单击"特征"标签，再在命令按钮栏中单击"线性阵列"→"圆周阵列"按钮，弹出"圆周阵列"属性管理器。

（3）先在"圆周阵列"属性管理器中单击"方向1"栏的空白处，再选择基准轴。

（4）将"总角度"设为360°，"角度"设为360°，"实例"数设为10，如图3-34所示。

图3-33　创建一个圆孔以及一条基准轴　　　　图3-34　设置"圆周阵列"属性管理器

（5）选择小孔侧面，单击"确定"按钮✔，创建圆周阵列，如图3-35所示。

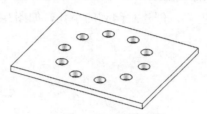

图3-35　创建圆周阵列

3.6 创建圆周阵列（2）

在进行圆周阵列时，可以用圆柱的中心轴作为阵列的基准轴，实例结构如图3-36所示。

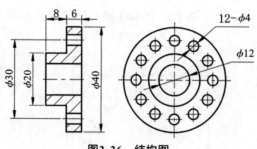

图3-36　结构图

1. 创建主体

（1）单击"新建"按钮，弹出"新建SolidWorks文件"对话框，单击"零件"按钮。

（2）在设计树中选择前视基准面，在弹出的快捷按钮框中单击"草图绘制"按钮，选择前视基准面作为草图绘制基准面。

（3）单击命令按钮栏中的 → "中心线"按钮，通过原点绘制一条竖直中心线；单击"直线"按钮，绘制一个草图，如图3-37所示。

（4）在标签栏中单击"特征"标签，再在命令按钮栏中单击"旋转凸台/基体"按钮🍳，在propertyManager模型树中，在"方向1（1）"栏中选择"给定深度"，将"旋转角度"设为360°。

（5）单击"确定"按钮✓，创建一个旋转体，如图3-38所示。

2．创建第二个特征

（1）选择上视基准面，在弹出的快捷按钮框中单击"正视于"按钮↧，再次选择上视基准面，在弹出的快捷按钮框中单击"草图绘制"按钮🖋，绘制一个圆，圆心与坐标原点在同一水平线上，并标注尺寸，如图3-39所示。

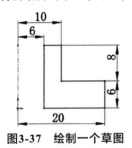

图3-37　绘制一个草图

图3-38　创建一个旋转体

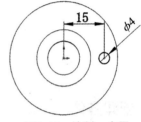

图3-39　绘制一个圆

（2）在标签栏中单击"特征"标签，再在命令按钮栏中单击"拉伸切除"按钮🗐，在"拉伸切除"属性管理器的"方向1（1）"栏中选择"完全贯穿"。

（3）单击"确定"按钮✓，在实体上切出一个圆孔，如图3-40所示。

3．创建圆周阵列

（1）在标签栏中单击"特征"标签，再在命令按钮栏中单击"线性阵列"→"圆周阵列"按钮🥁，弹出"圆周阵列"属性管理器。

（2）先在"圆周阵列"属性管理器中单击"方向1"栏的空白处，再选择圆柱面，系统以圆柱面的中心轴作为圆周阵列的基准轴，将"总角度"🔄设为360°，"实例"数设为12，如图3-41所示。

（3）单击"确定"按钮✓，创建圆周阵列，如图3-42所示。

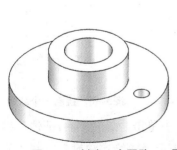

图3-40　创建一个圆孔

图3-41　设置"圆周阵列"属性管理器

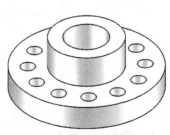

图3-42　创建圆周阵列

3.7 创建镜像特征

用SolidWorks创建实体时，对于结构、形状彼此对称的特征，可以先创建其中一个特征，然后用镜像的方法创建对称的特征，实例结构如图3-43所示。

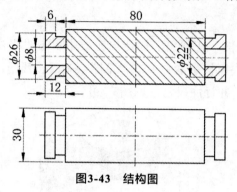

图3-43　结构图

1．创建方体

（1）单击"新建"按钮📄，弹出"新建SolidWorks文件"对话框，单击"零件"按钮🎨。

（2）在设计树中选择上视基准面，在弹出的快捷按钮框中单击"草图绘制"按钮🖉，以原点为中心，绘制一个矩形（80mm×30mm），如图3-44所示。

（3）在标签栏中单击"特征"标签，再在命令按钮栏中单击"拉伸凸台/基体"按钮🔲，弹出"凸台-拉伸1"属性管理器，在"深度"🔯栏中输入30mm，单击"确定"按钮✔，创建一个长方体，如图3-45所示。

2．创建第二个特征

（1）选择前视基准面，在弹出的快捷按钮框中单击"正视于"按钮⬆，再次在设计树中选择前视基准面，在弹出的快捷按钮框中单击"草图绘制"按钮🖉，绘制一个草图，并经过原点绘制一条中心线，标注尺寸，如图3-46所示。

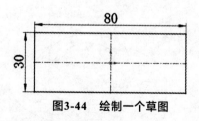

图3-44　绘制一个草图

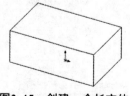

图3-45　创建一个长方体

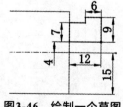

图3-46　绘制一个草图

（2）在标签栏中单击"特征"标签，再在命令按钮栏中单击"旋转凸台/基体"按钮🌀，在propertyManager模型树中，在"方向1（1）"栏中选择"给定深度"，将"旋转角度"设为360°。

（3）单击"确定"按钮 ✔，创建一个旋转体，如图3-47所示。

3. 创建镜像

（1）在标签栏中单击"特征"标签，再在命令按钮栏中单击"镜像"按钮 ‖‖，在弹出的"镜像"属性管理器中单击"设计树"按钮 🐾，在属性管理器的右侧显示设计树。

（2）在设计树中选择右视基准面为镜像面，选择"旋转1"为要镜像的特征，如图3-48所示。

（3）单击"确定"按钮 ✔，创建镜像特征，如图3-49所示。

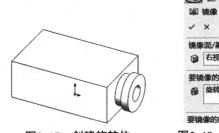
图3-47 创建旋转体

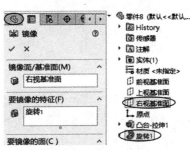
图3-48 设置"镜像"属性管理器

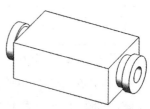
图3-49 创建镜像特征

3.8 综合运用镜像与阵列

在用SolidWorks造型时，综合运用镜像和阵列两个命令，可以简化建模过程，比如设计芯片结构，如图3-50所示。

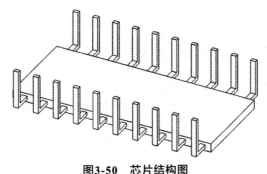
图3-50 芯片结构图

1. 创建芯片

（1）单击"新建"按钮 🗋，弹出"新建SolidWorks文件"对话框，单击"零件"按钮 🐾。

（2）在设计树中选择上视基准面，在弹出的快捷按钮框中单击"草图绘制"按钮 🗔，以原点为中心，绘制一个矩形（120mm×50mm），如图3-51所示。

（3）在标签栏中单击"特征"标签，再在命令按钮栏中单击"拉伸凸台/基体"按钮🔩，弹出"凸台-拉伸1"属性管理器，在"深度"🔹栏中输入5mm，单击"确定"按钮✔，创建一个长方体，如图3-52所示。

2．创建芯针

（1）选择图3-52中的侧面1，在弹出的快捷按钮框中单击"正视于"按钮🔾。

（2）再次选择图3-52中的侧面1，在弹出的快捷按钮框中单击"草图绘制"按钮🖊，绘制一个矩形（3mm×2mm），如图3-53所示。

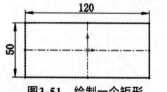

图3-51　绘制一个矩形

图3-52　创建长方体

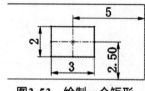

图3-53　绘制一个矩形

（3）在标签栏中单击"特征"标签，再在命令按钮栏中单击"拉伸凸台/基体"按钮🔩，弹出"凸台-拉伸1"属性管理器，在"深度"🔹栏中输入10mm，单击"确定"按钮✔，在实体的侧面创建一个长方体，如图3-54所示。

（4）选择图3-54中的侧面1，在弹出的快捷按钮框中单击"正视于"按钮🔾。

（5）再次选择图3-54中的侧面1，在弹出的快捷按钮框中单击"草图绘制"按钮🖊，绘制一个矩形，并标注尺寸，如图3-55所示。

（6）在标签栏中单击"特征"标签，再在命令按钮栏中单击"拉伸凸台/基体"按钮🔩，弹出"凸台-拉伸1"属性管理器，在"深度"🔹栏中输入30mm，单击"确定"按钮✔，在实体的侧面创建一个长方体，如图3-56所示。

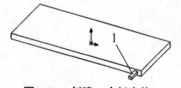

图3-54　创建一个长方体

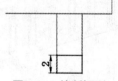

图3-55　绘制矩形

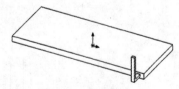

图3-56　创建长方体

3．线性阵列

（1）在命令按钮栏中单击"线性阵列"→"线性阵列"按钮🎛，在弹出的"线性阵列"属性管理器中单击"方向1"下面的空白处，选择右视基准面为阵列方向，在"线性阵列"属性管理器中单击"反方"按钮🔁，使实体侧面的箭头朝向实体内部。

（2）在"线性阵列"属性管理器中将"间距"设为12mm，"实例"数设为10，选择"凸台-拉伸2"和"凸台-拉伸3"为阵列对象，如图3-57所示。

（3）单击"确定"按钮✔，在实体的侧面创建一个阵列，如图3-58所示。

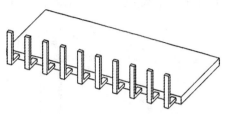

图3-57　设置"线性阵列"属性管理器　　　　图3-58　创建阵列特征

4. 镜像芯针

（1）在标签栏中单击"特征"标签，再在命令按钮栏中单击"镜像"按钮 ，在弹出的"镜像"属性管理器中单击"设计树"按钮 ，在属性管理器的右侧显示设计树。

（2）在设计树中选择前视基准面为镜像面的基准面，选择"阵列（线性）1"为要镜像的特征，如图3-59所示。

（3）单击"确定"按钮 ，创建镜像特征，如图3-60所示。

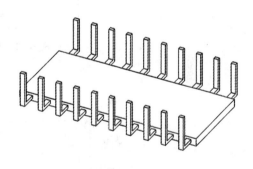

图3-59　设置"镜像"属性管理器　　　　图3-60　创建镜像特征

3.9 小结

本章主要讲述SolidWorks 2021阵列和镜像两个命令的应用方法，灵活运用这两个命令，可以使实体的创建过程更加简单。

3.10 ▶ 作业

运用阵列和镜像命令，创建如图3-61～图3-63所示的实体。

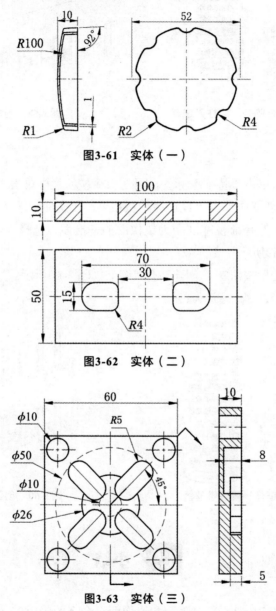

图**3-61** 实体（一）

图**3-62** 实体（二）

图**3-63** 实体（三）

第4章
修饰命令

本章以几个简单的零件为例，介绍在SolidWorks 2021中孔、圆角、倒角、抽壳、拔模、圆顶等修饰命令的使用方法。

4.1 创建孔

孔在机械设计中十分常见，在SolidWorks 2021中，孔可以分为9种类型。用"异型孔向导"命令所创建的孔，其底部为锥形，锥形角为118°，如图4-1（a）所示；而用拉伸命令所创建的孔，其底部为平面，如图4-1（b）所示。下面以柱型沉头孔和锥形沉头孔为例，详细说明孔的创建过程。

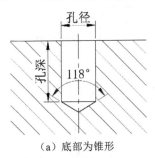

（a）底部为锥形   （b）底部为平面

图4-1　两种孔的比较

1. 创建柱型沉头孔

（1）先自行创建一个长方体，尺寸为50mm×50mm×30mm，如图4-2所示。

（2）在标签栏中单击"特征"标签，再在命令按钮栏中单击"异型孔向导"按钮，在弹出的"孔规格"属性管理器中单击"类型"标签　类型，在"孔类型"栏中选择"柱形沉头孔"选项，在"标准"栏中选择ISO选项，在"类型"栏中选择"六角凹头ISO 4762"选项，在"孔规格大小"栏中选择M5，在"配合"栏中选择"正常"，在"终止条件"栏中选择"给定深度"，将"深度"设为25mm，如图4-3所示。

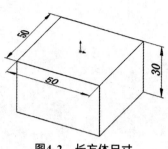

图4-2 长方体尺寸

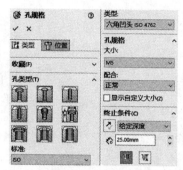

图4-3 设定"孔规格"属性管理器

（3）在"孔规格"属性管理器中单击"位置"标签 位置，在长方体的上表面任意选择两点，形成两个暂时孔，暂时孔的颜色呈黄色。

（4）在命令按钮栏中单击"点"按钮，使"点"按钮的底色呈白色，如图4-4所示，即可终止继续创建孔。

（5）在标签栏中单击"草图"标签，再在命令按钮栏中单击"智能尺寸"按钮，标注圆心到长方体边线的距离，如图4-5所示。

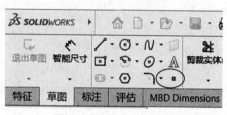

图4-4 单击"点"按钮

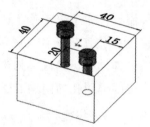

图4-5 标注尺寸

（6）单击"确定"按钮，创建两个沉头孔，如图4-6所示，按住鼠标中键旋转实体后发现，孔的内部有一个台阶，该台阶为沉头，孔的底部为锥形。

2．创建锥形沉头孔

采用相同的方法，在前侧面上创建一个锥形沉头孔（M6，深度为40mm），尺寸如图4-7所示。

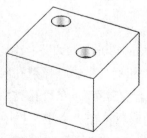

图4-6 创建柱形沉头孔

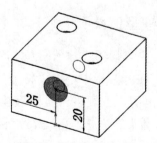

图4-7 锥形沉头孔尺寸

4.2　创建圆角

在SolidWorks中有4种类型的圆角，分别是恒定大小圆角、变量大小圆角、面圆角、完整圆角，下面对这种圆角类型的创建方法一一进行讲解。

1．按恒定大小创建圆角

（1）先自行创建一个长方体，尺寸为50mm×30mm×10mm，如图4-8所示。

（2）在标签栏中单击"特征"标签，再在命令按钮栏中单击"圆角"按钮，弹出"圆角"属性管理器，在"圆角类型"栏中单击"恒定大小圆角"按钮，在"要圆角化的项目"栏中取消选中"切线延伸"复选框，在"圆角参数"栏中设置"圆角半径"为R5mm，如图4-9所示。

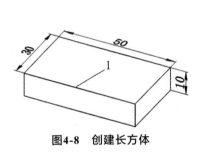

图4-8　创建长方体

图4-9　设定"圆角"属性管理器

（3）在图4-8中选择"1"所指示的边线，单击"确定"按钮，创建恒定大小圆角，如图4-10所示。

2．创建面圆角

在两个相交或者不相交的曲面之间创建圆角。

（1）在标签栏中单击"特征"标签，再在命令按钮栏中单击"圆角"按钮，弹出"圆角"属性管理器，在"圆角类型"栏中单击"面圆角"按钮，在"要圆角化的项目"栏中取消选中"切线延伸"复选框，在"圆角参数"栏中设置"圆角半径"为R9mm，如图4-11所示。

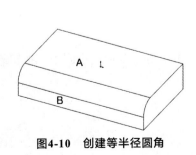

图4-10　创建等半径圆角

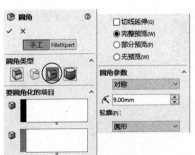

图4-11　设置面圆角参数

（2）在图4-10中选择面A和面B，单击"确定"按钮 ✔ ，创建面圆角，如图4-12所示。

（3）采用相同的方法，在图4-12中选择面C和实体的底面，在"圆角参数"栏中设置"圆角半径" ⟨ 为R4mm，单击"确定"按钮 ✔ ，创建面圆角，如图4-13所示。

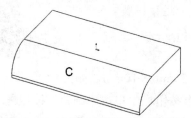
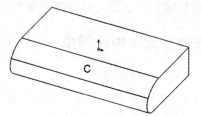

图4-12　创建面A和面B之间的圆角　　　　图4-13　创建面C和底面之间的圆角

3. 创建完整圆角

（1）先自行创建一个长方体，尺寸为50mm×30mm×10mm，如图4-8所示。

（2）在标签栏中单击"特征"标签，再在命令按钮栏中单击"圆角"按钮 🔲 ，弹出"圆角"属性管理器，在"圆角类型"栏中选择"全圆角"按钮 🔲 ，选择三个面组，如图4-14所示。

（3）单击"确定"按钮 ✔ ，创建完整圆角，如图4-15所示。

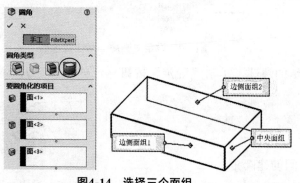
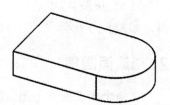

图4-14　选择三个面组　　　　　　　　　图4-15　创建完整圆角

4. 创建变圆角

（1）先自行创建一个长方体，尺寸为50mm×10mm×10mm，如图4-16所示。

（2）在标签栏中单击"特征"标签，再在命令按钮栏中单击"圆角"按钮 🔲 ，弹出"圆角"属性管理器，在"圆角类型"栏中单击"变量大小圆角"按钮 🔲 ，如图4-17所示。

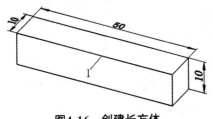

图4-16 创建长方体

图4-17 单击"变量大小圆角"按钮

（3）在图4-16中选择"1"所指示的边线。

（4）在所选边线上选择黄色的控制点，再在输入框中修改圆角的位置和大小，如图4-18所示。

（5）单击"确定"按钮 ✔，创建变量大小圆角，如图4-19所示。

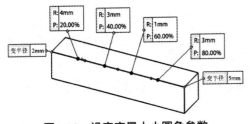

图4-18 设定变量大小圆角参数

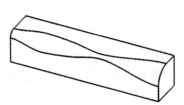

图4-19 创建变量大小圆角

4.3 创建倒角特征

在SolidWorks中有5种类型的倒角，这里重点介绍"角度距离"和"距离距离"倒角命令。

1. 按"角度距离"创建倒角

（1）先自行创建一个圆环，尺寸如图4-20所示。

（2）在标签栏中单击"特征"标签，再在命令按钮栏中单击"圆角"→"倒角"按钮，如图4-21所示。

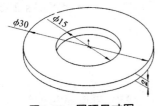

图4-20 圆环尺寸图

图4-21 单击"倒角"按钮

（3）弹出"倒角"属性管理器，在"倒角类型"栏中选择"角度距离"选项，在"倒角参数"栏中将"倒角距离"设为0.5mm，"角度"设为45°，如图4-22所示。

（4）选择实体上表面的外边线，单击"确定"按钮 ✔，创建倒角特征，如图4-23所示。

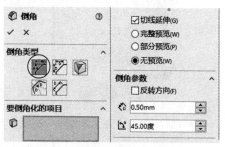

图4-22　设定"倒角"属性管理器

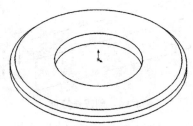

图4-23　创建"角度距离"倒角

2. 按"距离距离"创建倒角

（1）在标签栏中单击"特征"标签，再在命令按钮栏中单击"圆角"→"倒角"按钮，弹出"倒角"属性管理器，在"倒角类型"栏中选择"距离距离"选项，在"倒角参数"栏中选择"非对称"，将"距离1"设为0.5mm，"距离2"设为1mm°，如图4-24所示。

（2）选择实体上表面的内边线，单击"确定"按钮，创建倒角特征，如图4-25所示。

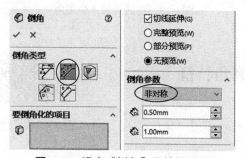

图4-24　设定"倒角"属性管理器

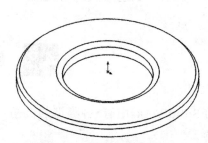

图4-25　创建"距离"倒角

4.4　创建抽壳特征

抽壳是根据指定的厚度值将实体内部掏空而生成的壳体。在SolidWorks 2021中，抽壳可以分为等厚度抽壳和多厚度抽壳（不等厚度抽壳）两种。

1. 等厚度抽壳

（1）先自行创建一个长方体，尺寸为80mm×50mm×20mm，如图4-26所示。

（2）在标签栏中单击"特征"标签，再在命令按钮栏中单击"抽壳"按钮，弹出"抽壳"属性管理器，在"厚度"框中输入2mm，如图4-27所示。

（3）选择实体的上表面，单击"确定"按钮，创建抽壳特征，如图4-28所示。

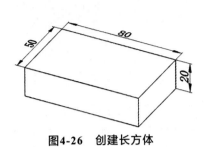

图4-26　创建长方体

图4-27　设置"抽壳"参数

图4-28　创建抽壳

2．多厚度抽壳

（1）先自行创建一个长方体，尺寸为80mm×50mm×20mm，如图4-26所示。

（2）在标签栏中单击"特征"标签，再在命令按钮栏中单击"抽壳"按钮🗋，弹出"抽壳"属性管理器，在"参数"栏的"厚度"🔩框中输入2mm，选择上表面为<面1>，在"多厚度设定"栏的"厚度"🔩框中输入5mm，选择右端面为<面2>，如图4-29所示。

（3）选择实体的上表面，单击"确定"按钮 ✔，创建多厚度抽壳特征，如图4-30所示，可以看出，右端的壁厚大于其他位置的壁厚。

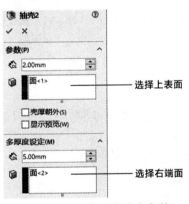

图4-29　设置多厚度抽壳参数

图4-30　创建多厚度抽壳

4.5　创建拔模特征

拔模是为了顺利地从模具中取出产品，或在铸造时为了从砂中取出木模而不破坏砂型而将模具或铸件的竖直面做成锥度面，零件侧面的锥度叫拔模斜度。

在SolidWorks中，拔模可以分为中性面拔模、分型线拔模和阶梯拔模三种。

1. 按中性面拔模

以平面为基准面进行拔模。

（1）先自行创建一个长方体，再在长方体的上表面创建一个圆柱体，任意尺寸，如图4-31所示。

（2）在标签栏中单击"特征"标签，再在命令按钮栏中单击"拔模"按钮，在弹出的"拔模"属性管理器中选择"手工"选项 手工 ，在"拔模"类型栏中选择"中性面"单选按钮，在"拔模角度"栏中将"角度" 设为10°，单击"中性面"栏中的显示框，选择长方体的上表面为中性面，单击"拔模面"栏中的显示框，选择圆柱体的侧面为拔模面，如图4-32所示。

（3）单击"确定"按钮 ，创建拔模特征，如图4-33所示。

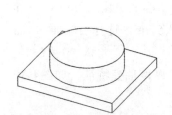
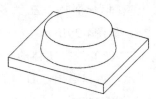

图4-31 创建长方体和圆柱体　　图4-32 设置"拔模"属性管理器　　图4-33 创建拔模

2. 按分型线拔模

以斜面为基准面进行拔模。

（1）以上视基准面为草绘平面，绘制一个圆（ϕ8mm），再拉伸成圆柱体，如图4-34所示。

（2）以前视基准面为草绘平面，绘制一条直线，如图4-35所示。

（3）单击"退出草图"按钮 ，创建直线，如图4-36所示。

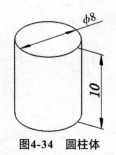

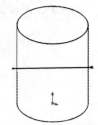

图4-34 圆柱体　　　　图4-35 绘制直线尺寸图　　　　图4-36 创建直线

（4）单击 $\mathcal{DS}$ **SOLIDWORKS** 旁边的▶符号，在菜单栏中选择"插入"→"曲面"→"拉伸曲面"命令，如图4-37所示。

图4-37 选择"拉伸曲面"命令

（5）在"拉伸-曲面1"属性管理器中将"方向1（1）"设为"两侧对称"，将"距离" 设为12mm，如图4-38所示。

（6）单击"确定"按钮 ✓，创建拉伸曲面，圆柱体与斜面之间没有相交线，如图4-39所示。

图4-38 设定拉伸曲面参数

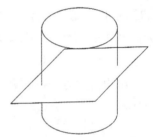

图4-39 创建拉伸曲面

（7）单击 ⅔ SOLIDWORKS ▶旁边的▶符号，在菜单栏中选择"插入"→"特征"→"分割"命令，如图4-40所示。

图4-40 选择"插入"→"特征"→"分割"命令

（8）在弹出的"分割"属性管理器中单击"剪裁工具"栏的显示框，选择拉伸曲面为剪裁工具。

（9）单击"切割实体"按钮 切割实体(C) ，然后选择圆柱体，如图4-41所示。

（10）单击"确定"按钮 ✓，拉伸曲面将实体分成上、下两部分，圆柱体与斜面之间有一条相交线，如图4-42所示。

图4-41　设置分割参数

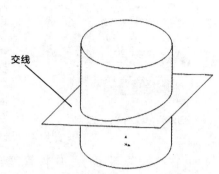

图4-42　将实体分成上、下两部分

（11）在标签栏中单击"特征"标签，再在命令按钮栏中单击"拔模"按钮，在弹出的"拔模"属性管理器中选择"手工"选项 手工 ，在"拔模类型"栏中选择"分型线"单选按钮，在"拔模角度"栏中将"角度" 设为10°，单击"拔模方向"栏中的显示框，选择圆柱体的上表面为拔模方向，选择"分型线"栏中的显示框，选择分隔线为分型线，如图4-43所示。

（12）单击"确定"按钮，创建拔模特征，如图4-44所示。

（13）采用相同的方法，创建下半部分的拔模特征，如图4-45所示。

图4-43　设置拔模参数

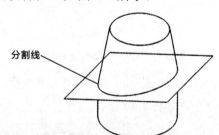

图4-44　创建上半部分的拔模

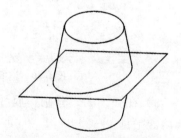

图4-45　创建下半部分的拔模

3.按阶梯线拔模

分型线不在同一平面内的拔模称为阶梯拔模，使用阶梯拔模能保留拔模前的位置线。

（1）以上视基准面为草绘平面，创建一个长方体，尺寸如图4-46所示。

（2）以前视基准面为草绘平面，绘制五条首尾相连的线段，其中，AB、CD、EF为水平线，BC、DE为斜线，如图4-47所示。

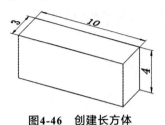

图4-46　创建长方体

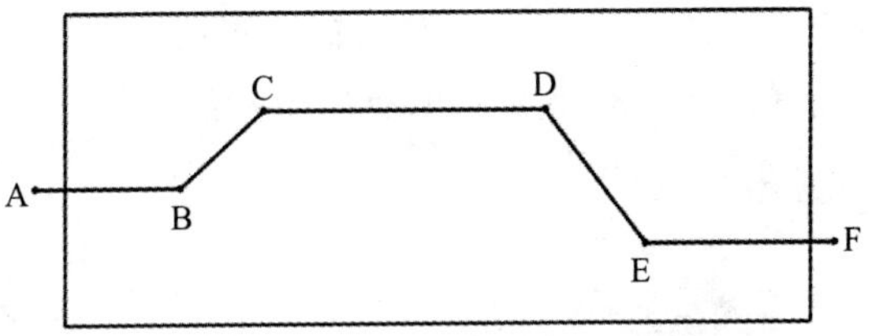

图4-47　绘制五段首尾相连的直线

（3）单击"退出草图"按钮 ，创建草图。

（4）单击 **$\boldsymbol{\mathcal{B}}$ SOLIDWORKS** 旁边的▶符号，在菜单栏中选择"插入"→"曲面"→"拉伸曲面"命令，如图4-37所示。

（5）在"拉伸-曲面1"属性管理器将"方向1（1）"设为"两侧对称"，将"距离" 设为4mm。

（6）单击"确定"按钮 ，创建拉伸曲面，长方体与拉伸曲面之间没有相交线，如图4-48所示。

（7）单击 **$\boldsymbol{\mathcal{B}}$ SOLIDWORKS** 旁边的▶符号，在菜单栏中选择"插入"→"切除"→"使用曲面"命令，如图4-49所示。

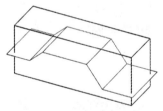

图4-48　创建拉伸曲面

图4-49　选择"插入"→"切除"→"使用曲面"命令

（8）单击"确定"按钮 ，切除拉伸曲面上方的实体，如图4-50所示。

（9）选择拉伸曲面，右击，在弹出的快捷菜单中单击"隐藏"按钮 ，隐藏曲面，只显示实体，如图4-51所示。

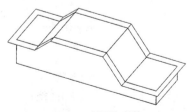

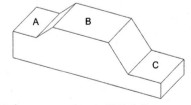

图4-50　切除实体

图4-51　只显示实体

（10）在"特征"工具栏中单击"拔模"按钮 ，在弹出的"拔模"属性管理器中选择"手工"选项 ，在"拔模类型"栏中选择"阶梯拔模"单选按钮，再选择"锥形阶梯"单选按钮，在"拔模角度"栏中将"角度" 设为10度，如图4-52所示。

（11）单击"拔模方向"栏中的显示框，选择图4-51中的B面为拔模方向面。

（12）选择"分型线"栏中的显示框，选择4段分型线，如图4-53箭头所示。

（13）单击"确定"按钮✔，创建拔模特征，如图4-54所示。（拔模后的实体上留下一条或多条直线，这些直线表示的是拔模前的位置线，由于软件不稳定，有时显示所有的位置线，有时不显示所有的位置线。）

图4-52　设定拔模参数

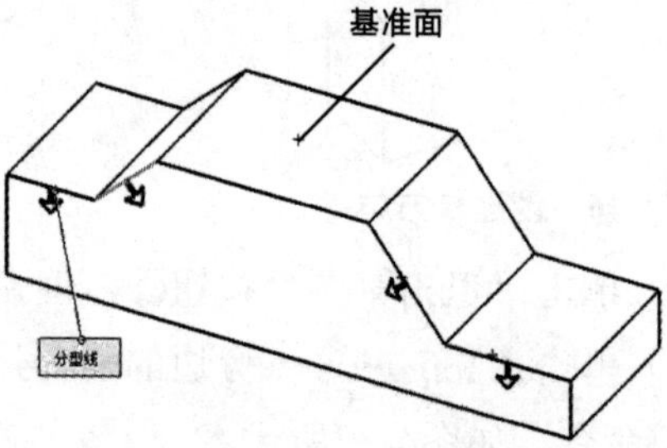

图4-53　选择分型线

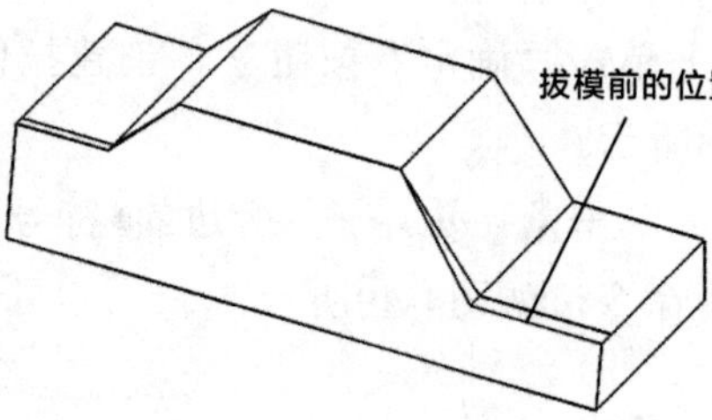

图4-54　创建拔模特征

（14）在拔模后的实体上，有些角位带有锥度，如图4-55所示。

（15）在拔模位置上将锥度的位置去掉，按以下步骤操作。

① 在模型树中选择"拔模1"，在弹出的快捷按钮框中单击"编辑特征"按钮，如图4-56所示。

② 在模型树中选择"垂直阶梯"单选按钮，如图4-57所示。

③ 单击"确定"按钮✔，即可将锥形阶梯拔模修改为垂直阶梯拔模，按住鼠标中键旋转实体后，可看到修改前、后的变化。

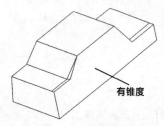

图4-55　带有锥度

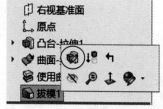

图4-56　单击"编辑特征"按钮

图4-57　选择"垂直阶梯"

（16）有兴趣的读者，请自行以图4-51中的A面或C面为拔模基准面进行拔模，并比较拔模效果有什么不同。

　　提示：以A面为基准面，则A面上的分型线保持不变，以此类推。

4.6 创建圆顶特征

　　在SolidWorks中，圆顶特征是对实体的一个面进行修饰，生成圆形凸起的命令，圆顶特征有4种不同的形状，如图4-58所示。

图4-58　圆顶特征的4种不同形状

1. 创建圆形圆顶

　　（1）先创建一个圆柱体，尺寸如图4-59所示。

　　（2）单击 $\mathcal{DS}$ **SOLIDWORKS** 旁边的▶符号，在菜单栏中选择"插入"→"特征"→"圆顶"命令，如图4-60所示。

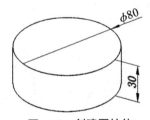

图4-59　创建圆柱体

图4-60　选择"插入"→"特征"→"圆顶"命令

　　（3）选择圆柱的上表面，在"圆顶"属性管理器的"距离"栏中输入20mm，如图4-61所示。

　　（4）单击"确定"按钮 ✔，创建圆顶特征，如图4-62所示。

　　（5）在模型树中选择"圆顶1"，在弹出的快捷按钮框中单击"编辑特征"按钮 。

　　（6）在"圆顶"属性管理器中单击"反向"按钮 ，所生成的圆顶向内凹，如图4-63所示。

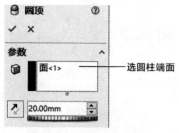

图4-61　设定圆顶参数

图4-62　创建圆顶

图4-63　圆顶向内凹

2. 创建多边形圆顶

（1）先创建一个六棱柱，尺寸如图4-64所示。

（2）选择六棱柱的上表面，在"圆顶"属性管理器的"距离"栏中输入20mm，取消选中"连续圆顶"复选框，如图4-65所示。

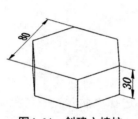

图4-64　创建六棱柱

图4-65　设定圆顶参数

（3）单击"确定"按钮 ✔ ，在六棱柱上表面创建圆顶特征，圆顶上有棱线，如图4-66所示。

（4）如果选择"连续圆顶"复选框，则所生成的圆顶上没有棱线，如图4-67所示。

图4-66　圆顶上有棱线

图4-67　圆顶上无棱线

实例：请自行完成图4-68所示的实体，再创建图4-69和图4-70所示的圆顶。（注意，创建圆顶时，圆顶高度应小一些，否则创建不成功）

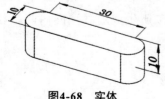

图4-68　实体

图4-69　圆顶上有棱线

图4-70　圆顶上无棱线

<h1>4.7 小结</h1>

本章主要讲述了在实体上创建圆角、倒角、拔模和圆顶等特征，这些命令一般是先创建实体，再创建放置特征，而不是草图上创建圆角、倒角、拔模等，灵活运用这些命令创建实体，可以使草绘更加简单。

<h1>4.8 作业</h1>

创建如图4-71（a）所示的实体，上表面为变圆角，如图4-71（b）和图4-71（c）所示。

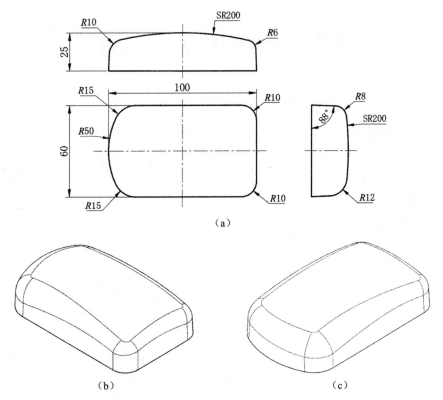

（a）

（b）   （c）

图4-71 变圆角实体

第5章

参数式零件设计

参数式零件设计就是用参数的方法创建圆、直线、曲线等基准特征,通过调整参数的大小,可以得到不同的圆、直线和曲线,从而得到不同大小和形状的零件。本章以几个简单的零件为例,介绍在SolidWorks 2021中运用参数式方法设计产品的过程。

5.1 在特征尺寸之间建立关联

有两种方法可以在圆柱的直径和高度之间建立关联。

1. 在方程式下建立尺寸之间的关联

(1)先创建圆柱体(ϕ50mm×30mm),然后双击实体,实体上将会显示出所有特征尺寸,如图5-1所示。

(2)对于无法显示模型所有特征尺寸的用户,在模型树中选择“注解”,右击,在弹出的快捷菜单中选择“显示特征尺寸”命令,如图5-2所示,再双击实体,即可显示出模型的所有特征尺寸。

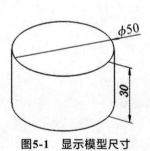

图5-1 显示模型尺寸 　　　　　　　图5-2 选择“显示特征尺寸”命令

(3)单击 **DS SOLIDWORKS** 旁边的▶符号,在菜单栏中选择“工具”→“方程式”命令。

(4)在弹出的“方程式、整体变量及尺寸”表格中,双击“方程式”下面的空格,选择标注为“ϕ50”尺寸。

（5）在"数值/方程式"下的空格中输入"＝"，然后选择标注为"30"的尺寸，系统自动显示"D1@凸台-拉伸1"，再输入"+30"。

（6）系统将在"估算到"栏中显示"60mm"，如图5-3所示。

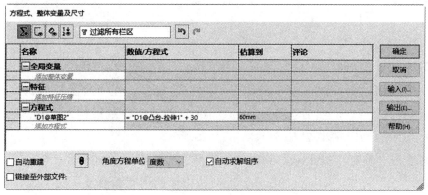

图5-3　设置"方程式、整体变量及尺寸"表格

（7）单击"确定"按钮 ✓，圆柱的直径更改为 ϕ60mm，此时在" ϕ60"的标注前面添加"Σ"符号，如图5-4所示。

（8）双击"30"，将圆柱高度尺寸更改为50mm，如图5-5所示，然后单击"确定"按钮 ✓。

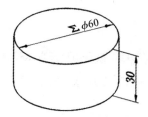

图5-4　在 ϕ60的前面添加"Σ"符号

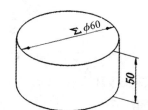

图5-5　将圆柱高度尺寸更改为50mm

（9）单击"重建模型"按钮 ❽，如图5-6所示。

图5-6　单击"重建模型"按钮

（10）圆柱的直径将自动转变为"Σ ϕ80"，如图5-7所示。

（11）按照上述方法，任意改变圆柱的高度，可以得到不同直径的圆柱。

2. 在修改方式下建立尺寸之间的关联

（1）先自行创建长方体，尺寸为100mm×50mm×20mm，双击实体，自动显示出模型的所有特征尺寸，如图5-8所示。

（2）双击标注为"50"的数字，在"修改"对话框中先删除"50"，再输入"＝"，然后选择标注为"100"的数字，最后输入"*0.8"，在"修改"栏中显示"="D1@草图2"*0.8"，如图5-9所示。

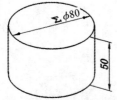

图5-7　直径转变为"∑φ80"

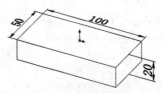

图5-8　创建实体

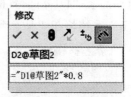

图5-9　显示"="D1@草图2"*0.8"

（3）采用相同的方法，双击标注为"20"的数字，在"修改"对话框中先删除"20"，再输入"="，然后选择标注为"100"的数字，最后输入"*0.5"，在"修改"栏中显示"="D1@草图2"*0.5"。

（4）单击"确定"按钮 ✔，长方体的宽和高分别改为"80"和"50"，并在标注的前面添加"∑"符号，如图5-10所示，此时长方体的形状没有发生变化。

（5）单击"重建模型"按钮 ，按照新的尺寸重新创建长方体模型，此时长方体的形状发生明显变化，如图5-11所示。

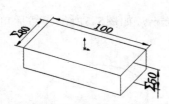

图5-10　宽和高分别改为"80"和"50"

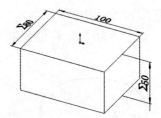

图5-11　重新创建长方体模型

（6）在长方体和长、宽、高之间建立关联，任意修改长方体的长，宽和高的尺寸将会发生变化。

5.2　创建正弦波槽

正弦曲线是一条波浪线，其解析式为：$y_x = A \times \sin(\omega x + \phi) + k$。

其中，A——振幅；$(\omega x + \phi)$——相位；ϕ——初相；k——偏距；k、ω 和 ϕ 是常数（k、ω、$\phi \in R$，$\omega \neq 0$）。

在平板上创建一条正弦槽，振幅为10，相位为$0.5x+pi/2$，初相为$pi/2$，函数公式为 $y_x = 10 \times \sin(0.5x + pi/2)$，创建步骤如下。

1. 创建正弦曲线

（1）单击"新建"按钮 ，弹出"新建SolidWorks文件"对话框，单击"零件"按钮 。

（2）先创建一个长方体，尺寸为100mm×50mm×15mm，如图5-12所示。

（3）单击 ~~SOLIDWORKS~~ ▶旁边的▶符号，在菜单栏中选择"工具"→"草图绘制实体"→"方程式驱动的曲线"命令，选择实体的上表面为草绘平面，弹出"方程式驱动的曲线"属性管理器。

（4）先单击"显示"单选框，在"y_x"栏中输入"10*sin(0.5*x+pi/2)"，在"x_1"栏中输入"-18*pi"（起始值），在"x_2"栏中输入"18*pi"（终止值），如图5-13所示。（提示：必须先切换到英文输入模式下，再输入上述公式，否则系统会提示出错。）

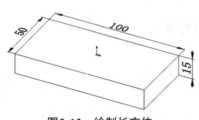

图5-12　绘制长方体

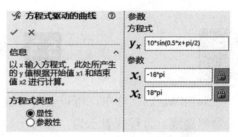

图5-13　输入正弦函数参数

（5）单击"确定"按钮，在平面上创建正弦曲线，如图5-14所示。

2．创建正弦槽

（1）在命令按钮栏中单击"参考"→"基准面"按钮，选择正弦曲线的右端点，在"基准面1"属性管理器的"第一参考"栏中设为"重合"，再选择正弦曲线，在"第二参考"栏中设为"垂直"。

（2）单击"确定"按钮✓，创建基准面1，该基准面经过正弦曲线的右端点，且与正弦曲线垂直，如图5-15所示。

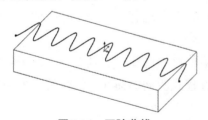

图5-14　正弦曲线

图5-15　创建基准面1

（3）在设计树中选择基准面1，在弹出的快捷按钮框中单击"草图绘制"按钮，以正弦曲线的端点为圆心，绘制一个直径为ϕ1mm的圆，如图5-16所示。

（4）单击"确定"按钮✓，绘制截面圆。

（5）在标签栏中单击"特征"标签，再在命令按钮栏中单击"扫描切除"按钮，选择上一步创建的圆为扫描截面，选择正弦曲线为扫描路径，单击"确定"按钮✓，在长方体上表面创建一条正弦槽，如图5-17所示。

提示：因为正弦曲线拐点处的曲率变化较大，因此截面圆的直径不能太大，否则特征创建失败。

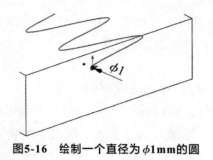

图5-16　绘制一个直径为 ϕ1mm的圆

图5-17　创建正弦槽

5.3　创建螺旋线

在SolidWorks软件中，可以使用螺旋线命令绘制螺旋线，也可以使用方程式曲线工具绘制螺旋线，方程式表示为

$$x_t=R\times\cos(2\times\pi\times t)$$
$$y_t=R\times\sin(2\times\pi\times t)$$
$$z_t=P\times t+H$$

式中，R为螺旋半径；P为螺距；H为曲线起始点距离原点的高度；t为螺旋圈数，圈数可以为小数值。现在要求用方程曲线的方法创建一条螺旋线，R=20、P=10、H=5、t=6.5，步骤如下。

（1）单击"新建"按钮，弹出"新建SolidWorks文件"对话框，单击"零件"按钮。

（2）单击"退出草图"按钮，退出草图模式。

（3）单击 *DS SOLIDWORKS* ▸旁边的▸符号，在菜单栏中选择"插入"→"3D草图"命令。

（4）再单击 *DS SOLIDWORKS* ▸旁边的▸符号，在菜单栏中选择"工具"→"草图绘制实体"→"方程式驱动的曲线"命令，在弹出的"方程式驱动的曲线"属性管理器中输入下列方程。

$$x_t=20*\cos(2*pi*t)$$
$$y_t=20*\sin(2*pi*t)$$
$$z_t=10*t+5$$
$$t_1=0$$
$$t_2=6.5$$

（5）所设置的"方程式驱动的曲线"属性管理器如图5-18所示。

（6）单击"确定"按钮，创建螺旋曲线，如图5-19所示。

图5-18　设置螺旋曲线参数

图5-19　螺旋曲线

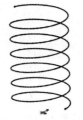

提示：启动SolidWorks后，系统默认进入2D草绘模式，因此，在进入3D草绘模式之前，应先退出2D草绘模式。

5.4　创建波浪轮廓实体

平面波浪曲线的方程式为

$$x=(R+A\times\cos(n\times2\times\pi\times t))\times\cos(t\times2\times\pi)$$
$$y=(R+A\times\cos(n\times2\times\pi\times t))\times\sin(t\times2\times\pi)$$

式中，R为圆半径；A为振幅；n为波浪个数；t为系统值，取值范围为0～1。

现要求创建一个放样实体，该实体的上表面为圆形（ϕ70mm），下表面为圆周波浪线，平面圆周波浪线的基准圆半径$R=50$，振幅$A=3$，波浪个数为20，创建步骤如下。

1．创建平面波浪线

（1）单击"新建"按钮，弹出"新建SolidWorks文件"对话框，单击"零件"按钮。

（2）单击"退出草图"按钮，退出草图模式。

（3）单击 **S SOLIDWORKS** 旁边的▶符号，在菜单栏中选择"工具"→"草图绘制实体"→"方程式驱动的曲线"命令，选择上视基准面为草绘平面，弹出"方程式驱动的曲线"属性管理器。

（4）选择"参数性"单选按钮，然后输入下列方程，属性管理器如图5-20所示。

$$x_t=(50+3*\cos(20*2*pi*t))*\cos(t*2*pi)$$
$$y_t=(50+3*\cos*20*2*pi*t))*\sin(t*2*pi)$$
$$t_1=0$$
$$t_2=0.5$$

（5）单击"确定"按钮，创建平面圆周波浪线，如图5-21所示。

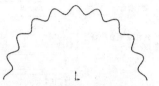

图5-20　设置平面圆周波浪线参数　　　　　图5-21　创建平面圆周波浪线

（6）在命令按钮栏中单击"线性草图阵列"→"圆周草图阵列"按钮。

（7）在"圆周阵列"属性管理器中将阵列的中心设为（0，0），将"总角度"设为360°，选择"等间距"复选框，将"阵列个数"设为2。

（8）单击"确定"按钮✔，用阵列方法创建下半部分的波浪线，如图5-22所示。

提示： ①波浪曲线的振幅A必须远小于圆半径R，否则容易导致创建不成功；②"t_2"的取值不能为1，否则将形成封闭曲线，容易出错；③如果要绘制封闭的波浪线，请先绘制一部分曲线，然后利用镜像、复制、阵列等方法，将这部分曲线组合成封闭的曲线。

2. 创建放样实体

（1）在标签栏中单击"特征"标签，再在命令按钮栏中单击"参考"→"基准面"按钮。

（2）选择上视基准面，将"偏移距离"设为30mm。

（3）单击"确定"按钮✔，创建基准面1，如图5-23所示。

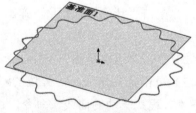

图5-22　创建下半部分的波浪线　　　　　　图5-23　创建基准面1

（4）以基准面1为草绘平面，原点为圆心，绘制一个圆（ϕ70mm），如图5-24所示。

（5）单击"放样凸台/基准"按钮，选择两个草图，创建放样实体，如图5-25所示。

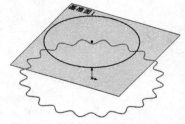

图5-24　绘制一个圆（ϕ70mm）　　　　　图5-25　创建放样实体

5.5 创建圆柱面波浪槽

在SolidWorks软件中，圆柱面方程式表示为

$$x_t = R \times \cos(2 \times \pi \times t)$$
$$y_i = R \times \sin(2 \times \pi \times t)$$
$$z_t = A \times \sin(2 \times \pi \times n \times t)$$

式中，R为圆柱半径，A为振幅，n为波浪个数，个数可以为小数值。

现要求在直径为$\phi100$mm的圆柱表面创建一条正弦波浪线，$R=50$、$A=3$、$n=15$，步骤如下。

1．创建第一段圆柱波浪线

（1）单击"新建"按钮，弹出"新建SolidWorks文件"对话框，单击"零件"按钮。

（2）先以上视基准面为草绘平面，创建一个圆柱体，尺寸为$\phi100$mm×100mm，如图5-26所示。

（3）单击$\mathcal{B}$ **SOLIDWORKS** 旁边的▶符号，在菜单栏中选择"插入"→"3D草图"命令。

（4）再单击$\mathcal{B}$ **SOLIDWORKS** 旁边的▶符号，在菜单栏中选择"工具"→"草图绘制实体"→"方程式驱动的曲线"命令，在弹出的"方程式驱动的曲线"属性管理器中输入下列方程。

$$x_t = 50*\cos(2*pi*t)$$
$$y_i = 3*\sin(2*pi*15*t)+50$$
$$z_t = 50*\sin(2*pi*t)$$
$$t_1 = 0$$
$$t_2 = 0.5$$

（5）所设置的"方程式驱动的曲线"属性管理器如图5-27所示。

（6）单击"确定"按钮，创建第一个半圆圈的圆柱波浪曲线，如图5-28所示。

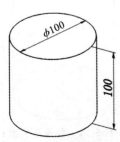

图5-26　先创建圆柱体

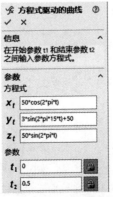

图5-27　设置圆柱波浪曲线参数

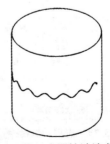

图5-28　第一个圆柱波浪曲线

（7）在命令按钮栏中单击"草图绘制"→"3D草图"按钮，如图5-29所示，退出3D草绘模式。

2．创建第二段圆柱波浪线

（1）单击 SOLIDWORKS ▶旁边的▶符号，在菜单栏中选择"插入"→"3D草图"命令。

（2）再单击 SOLIDWORKS ▶旁边的▶符号，在菜单栏中选择"工具"→"草图绘制实体"→"方程式驱动的曲线"命令，在弹出的"方程式驱动的曲线"属性管理器中输入下列方程。

$$x_t=50*\cos(2*pi*t)$$
$$y_t=3*\sin(2*pi*15*t)+50$$
$$z_t=50*\sin(2*pi*t)$$
$$t_1=0.5$$
$$t_2=1$$

（3）单击"确定"按钮 ✓，创建第二个半圆圈的圆柱波浪曲线，如图5-30所示。

（4）单击"草图绘制"下面的"三角形"▼符号，选择"3D草图"命令，如图5-29所示，退出3D草绘模式。

提示： 为了创建封闭的参数式曲线，可以分段创建不同位置的曲线，然后组合成一条曲线。

3．创建扫描切除

（1）在标签栏中单击"特征"标签，再在命令按钮栏中单击"参考"→"基准面"按钮，弹出"基准面1"属性管理器。

（2）选择波浪曲线的端点，在"第一参考"栏中设为"重合" ⊼，再选择波浪曲线，在"第二参考"栏中设为"垂直" ⊥。

（3）单击"确定"按钮 ✓，创建基准面1，该基准面经过波浪曲线的端点，并与波浪曲线垂直，如图5-31所示。

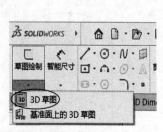
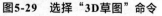
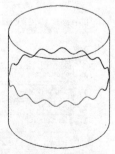
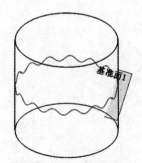

图5-29　选择"3D草图"命令　　图5-30　创建第二个圆柱波浪曲线　　图5-31　创建基准面1

（4）单击"组合曲线"按钮 ✓，将两条波浪曲线组合成一条曲线。

（5）在设计树中选择基准面1，在弹出的快捷按钮框中单击"草图绘制"按钮，以曲线的端点为圆心，绘制一个直径为ϕ5mm的圆，如图5-32所示。

（6）单击"确定"按钮，绘制草图圆。

（7）在标签栏中单击"特征"标签，再在命令按钮栏中单击"扫描切除"按钮，选择上一步创建的圆为扫描截面，选择波浪曲线为扫描路径，单击"确定"按钮，在圆柱表面创建一条波浪槽，如图5-33所示。

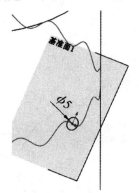
图5-32 绘制直径为ϕ5mm的圆

图5-33 在圆柱表面创建波浪槽

提示： 因为正弦曲线拐点处的曲率变化较大，因此截面圆的直径不能太大，否则特征创建失败。

5.6 创建渐开线

在SolidWorks软件中，渐开线方程式表示为

$$x=r\times(\cos t+t\times\sin t)$$
$$y=r\times(\sin t-t\times\cos t)$$
$$t_1=0$$
$$t_2=2\times\pi$$

式中，r为基圆半径，t为基圆圆心角。

或者

$$x=r\times(\cos(\tan t)+\tan t\times\sin(\tan t))$$
$$y=r\times(\sin(\tan t)-\tan t\times\cos(\tan t))$$
$$t_1=0$$
$$t_2=\pi/3$$

式中，r为基圆半径，t为压力角。

例如，已知基圆半径R=50mm，基圆圆心角为π，创建渐开线的步骤如下。

（1）单击"新建"按钮，弹出"新建SolidWorks文件"对话框，单击"零件"按钮。

（2）单击"退出草图"按钮↳，退出草图模式。

（3）再单击 ⅔SOLIDWORKS ▶旁边的▶符号，在菜单栏中选择"工具"→"草图绘制实体"→"方程式驱动的曲线"命令，选取前视基准面为草绘平面，在"方程式驱动的曲线"属性管理器中单击"参数性"单选按钮，再输入下列方程。

$$x=50*(\cos(t)+t*\sin(t))$$
$$y=50*(\sin(t)-t*\cos(t))$$
$$t_1=0$$
$$t_2=PI$$

（4）所设置的"方程式驱动的曲线"属性管理器如图5-34所示。

（5）单击"确定"按钮 ✔，创建渐开线，如图5-35所示。

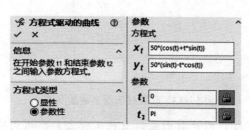

图5-34　设置渐开线参数

图5-35　创建渐开线

5.7　创建渐开线直齿轮

渐开线齿轮是非常常见的一种齿轮，其齿形由渐开线和过渡线组成，其结构如图5-36所示。

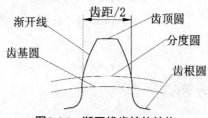

图5-36　渐开线齿轮的结构

齿顶圆：过齿顶所作的圆，其直径用d_a表示。

齿根圆：过齿槽底部所作的圆，其直径用d_f表示。

分度圆：是计算齿轮几何尺寸的基准圆，其直径用d表示。

齿基圆：形成渐开线的圆，其直径用d_b表示。

齿距：在分度圆的圆周上，相邻两齿同侧齿廓之间的弧长称为该圆上的齿距，用p表示。

齿数z：在齿轮整个圆周上轮齿的总数。

模数m：因为分度圆的周长$=\pi\times d=z\times p$，因此$d=z\times p/\pi$，由于π是无理数，给齿轮的设计、制造及检测带来不便，因此，人为地将比值p/π取为一些简单的有理数，并称该比值为模数，用m表示，单位是mm。因此，分度圆直径$d=m\times z$，分度圆齿距$p=\pi\times m$。模数m是决定齿轮尺寸的一个基本参数。齿数相同的齿轮，模数愈大，其尺寸也愈大。我国已制定了模数的国家标准。

分度圆压力角α：齿轮的轮齿在分度圆上的压力角，我国规定分度圆压力角α的标准值一般为$20°$。此外，在某些场合也采用$\alpha=14.5°$、$15°$、$22.5°$及$25°$等的齿轮。

渐开线齿轮的基本参数是齿数、模数、压力角，这三个参数决定了渐开线的形状，当这三个参数确定后，则齿轮的其他几何尺寸都能计算出来，如表5-1所示。

表 5-1　渐开线齿轮的名称、含义及计算公式

名称	代号	定义	计算公式
模数	m	齿距除以圆周率 π 所得到的商	
齿距	p	两个相邻的轮齿之间的分度圆弧长	$p = \pi \cdot m$
压力角	α	渐开线法线方向与速度方向的夹角	一般取 $20°$
齿数	z	齿轮轮齿的总数	
分度圆直径	d	计算齿轮几何尺寸的基准圆直径	$d = m \cdot z$
齿顶圆直径	d_a	过齿顶所作的圆直径	$d_a = m \cdot (z+2)$
齿根圆直径	d_f	过齿槽底部所作的圆直径	$d_f = m \cdot (z-2.5)$
基圆直径	d_b	形成渐开线的圆直径	$d_b = d \cdot \cos\alpha = m \cdot z \cdot \cos\alpha$
齿顶高	h_a	齿顶圆与分度圆的径向距离	$h_a = (d_a - d)/2 = m$
齿根高	h_f	齿根圆与分度圆的径向距离	$h_f = (d - d_f)/2 = 1.25m$
齿高	h	齿根圆与齿顶圆的径向距离	$h = (d_a - d_f)/2 = 2.25m$

已知一个标准渐开线齿轮，齿数为30，齿顶圆直径为256mm，压力角为$20°$，齿宽为30mm，要求计算该齿轮的参数，并用SolidWorks绘制该齿轮。

解：由公式$d_a = m \cdot (z+2)$得

$$m = \frac{d_a}{z+2} = \frac{256}{32}\,\text{mm} = 8\text{mm}$$
$$d = m \cdot z = 8\times 30\,\text{mm} = 240\text{mm}$$
$$d_f = m(z-2.5) = 8\times(30-2.5)\,\text{mm} = 220\text{mm}$$
$$p = \pi \cdot m = 3.14\times 8\,\text{mm} = 25.12\text{mm}$$
$$h = 2.25\times m = 2.25\times 8\,\text{mm} = 18\text{mm}$$

（1）单击"新建"按钮，弹出"新建SolidWorks文件"对话框，单击"零件"按钮。

（2）按下列步骤添加方程式。

① 单击 $\textit{3S}$ **SOLIDWORKS** 旁边的▶符号，在菜单栏中选择"工具"→"方程式"命令。

② 在弹出的"方程式、整体变量及尺寸"表格中，双击"全局变量"下面的空

格，输入"da"，在"数值/方程式"对应栏中输入"=256"，单位选择"mm"，在"估算到"栏中显示256mm，如图5-37所示。

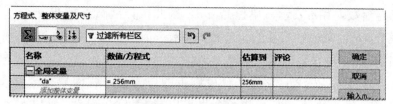

图5-37　输入"da"值

③ 采用相同的方法，在第二行的"全局变量"栏中输入"z"，在"数值/方程式"对应栏中输入"=30"，不要选择单位。

④ 采用相同的方法，在"方程式、整体变量及尺寸"表格中添加以下数值，如图5-38所示。

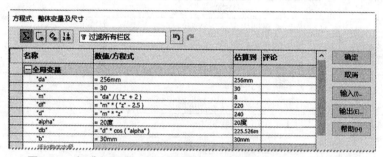

图5-38　在"方程式、整体变量及尺寸"表格中添加齿轮的数值

⑤ 单击"确定"按钮，在特征树中将会添加以上方程式的文件夹。

⑥ 在特征树中单击方程式文件夹前面的"三角形"▶符号，展开方程式文件夹，如图5-39所示。

（3）以齿根圆绘制齿轮基体。

① 以前视基准面为草绘平面，以原点为圆心，任意绘制一个圆，并标注尺寸，如图5-40所示。

② 双击该尺寸，在弹出的"修改"对话框中将圆的直径改为"df"，如图5-41所示。

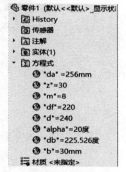

图5-39　展开方程式文件夹　　**图5-40　任意绘制一个圆**　　**图5-41　将圆的直径改为"df"**

③ 单击"确定"按钮 ✓，圆的直径更改为 $\phi 220mm$，如图5-42所示。

④ 在标签栏中单击"特征"标签，再在命令按钮栏中单击"拉伸凸台/基体"按钮 🔲，弹出"凸台-拉伸1"属性管理器，在"深度" 🔲 栏中输入"b"，如图5-43所示。

⑤ 单击"确定"按钮 ✓，以齿根圆创建圆柱，厚度为30mm，如图5-44所示。

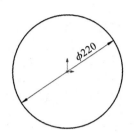

图5-42 圆的直径更改为220mm

图5-43 在深度栏中输入"b"

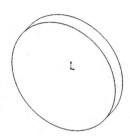

图5-44 创建圆柱

（4）绘制渐开线。

① 单击 旁边的▶符号，在菜单栏中选择"工具"→"草图绘制实体"→"方程式驱动的曲线"命令，选取前视基准面为草绘平面，在"方程式驱动的曲线"属性管理器中选择"参数性"单选按钮，输入下列方程。

$$x_i={''}db{''}*(\cos(\tan(t))+\tan(t)*\sin(\tan(t)))/2$$

$$y_i={''}db{''}*(\sin(\tan(t))-\tan(t)*\cos(\tan(t)))/2$$

$$t_1=0$$

$$t_2=PI/4$$

② 所设置的"方程式驱动的曲线"属性管理器如图5-45所示。

③ 单击"确定"按钮 ✓，创建渐开线，如图5-46所示。（提示，暂时不退出草图。）

图5-45 设置"方程式驱动的曲线"属性管理器

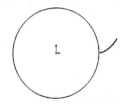

图5-46 创建渐开线

（5）绘制分度圆。

① 以原点为圆心，任意绘制一个圆，并标注尺寸。

② 双击尺寸，在弹出的"修改"对话框中将圆的直径改为"d"，如图5-47所示。

③ 单击"确定"按钮 ✓，分度圆直径变为 $\phi 240mm$，如图5-48所示。（提示，暂时不退出草图。）

图5-47　将圆的直径改为"d"

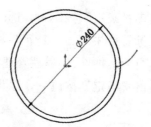

图5-48　绘制分度圆

（6）绘制轮齿。

① 以原点为起点，任意绘制一条直线，如图5-49所示。

② 在命令按钮栏中单击"显示/删除几何关系"→"添加几何关系"，选择渐开线，在"添加几何关系"栏中单击"固定"按钮，单击"确定"按钮，将渐开线设为固定。

③ 选择直线的端点，再选择渐开线，在"添加几何关系"栏中单击"重合"按钮，直线的端点落在渐开线上。

④ 再次选择直线的端点，选择分度圆，在"添加几何关系"栏中单击"重合"按钮，直线的端点落在分度圆与渐开线的交点处，如图5-50所示。

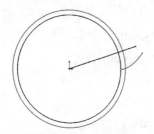

图5-49　绘制一条直线

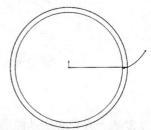

图5-50　直线的端点落在分度圆与渐开线的交点处

⑤ 以原点为起点，任意绘制一条直线，并标注角度尺寸，如图5-51所示。

⑥ 双击尺寸，在弹出的"修改"对话框中将角度改为"306/"z"/2/2"，如图5-52所示。

⑦ 单击"确定"按钮，角度改为3°，如图5-53所示。

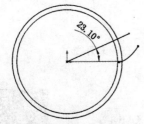

图5-51　任意绘制一条直线

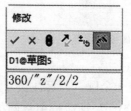

图5-52　将角度改为"306/"z"/2/2"

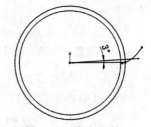

图5-53　角度改为3°

⑧ 单击"镜像实体"按钮，在"镜像"屏幕上方单击"要镜像的实体"栏中的显示框，再选择渐开线，然后单击"镜像轴"栏中的显示框，再选择图5-53中所绘制的线。

⑨ 单击"确定"按钮✔，将渐开线沿直线镜像，如图5-54所示。（提示，暂时不退出草图。）

⑩ 以原点为圆心，任意绘制一个圆，并标注尺寸。

⑪ 双击尺寸，在弹出的"修改"对话框中将圆的直径改为"da"，如图5-55所示。

⑫ 单击"确定"按钮✔，创建齿顶圆，如图5-56所示。（提示，暂时不退出草图。）

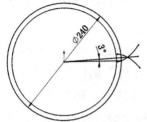
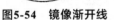

图5-54　镜像渐开线

图5-55　将圆的直径改为"da"

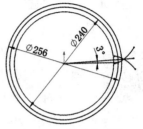

图5-56　创建齿顶圆

⑬ 在命令按钮栏中单击"显示/删除几何关系"→"添加几何关系"，选择镜像后的渐开线，在"添加几何关系"栏中单击"固定"按钮，单击"确定"按钮✔，将镜像后的渐开线设为固定。

⑭ 在命令按钮栏中单击"裁剪实体"按钮，剪除不需要的草图线，只保留轮齿轮廓线，如图5-57所示。

⑮ 在命令按钮栏中单击"直线"按钮，经过渐开线的端点，任意绘制两条直线，如图5-58所示。

⑯ 在命令按钮栏中单击"显示/删除几何关系"→"添加几何关系"，选择直线和渐开线，在"添加几何关系"栏中单击"相切"按钮，将直线和渐开线设为相切。

⑰ 采用相同的方法，将另一条直线与渐开线设为相切，如图5-59所示。

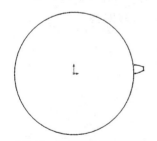
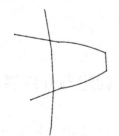
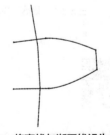

图5-57　只保留轮齿轮廓线　　图5-58　经过渐开线的端点绘制两条直线　　图5-59　将直线与渐开线设为相切

⑱ 以原点为圆心，经过直线的端点绘制一个圆，如图5-60所示。

⑲ 单击"裁剪实体"按钮和"延伸实体"按钮，剪除不需要的草图线，使轮齿轮廓线为封闭曲线，如图5-61所示。

⑳ 在标签栏中单击"特征"标签，再在命令按钮栏中单击"拉伸凸台/基体"按钮，弹出"凸台-拉伸1"属性管理器，在"深度"栏中输入"b"。

㉑ 单击"确定"按钮✔，创建一个轮齿，如图5-62所示。

图5-60　绘制一个圆

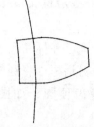

图5-61　轮齿轮廓线

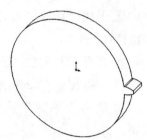

图5-62　创建一个轮齿

（7）阵列轮齿。

①在标签栏中单击"特征"标签，再在命令按钮栏中单击"线性阵列"→"圆周阵列"按钮，先在弹出的"圆周阵列"属性管理器中单击"方向1"栏中的显示框，再选择圆柱面，以圆柱面的中心轴为阵列方向，选择"等间距"单选按钮，将"总角度"设为360°，"阵列个数"设为"z"，单击"特征和面"栏中的显示框，再选择上一步创建的轮齿，如图5-63所示。

②单击"确定"按钮，沿圆柱中心轴线方向进行阵列轮齿，如图5-64所示。

③自己添加齿轮中间的装配孔，参数自定。

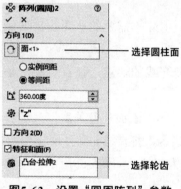

图5-63　设置"圆周阵列"参数

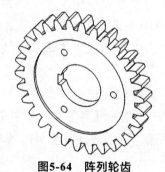

图5-64　阵列轮齿

5.8　创建渐开线斜齿轮

1.绘制轮齿第一个轮廓线

先按直齿轮的步骤绘制轮齿轮廓线，如图5-65所示，然后单击"退出草图"按钮，绘制草图1。

2.绘制轮齿第二个轮廓线

（1）选择实体的上表面，在弹出的快捷按钮框中单击"草图绘制"按钮，然后在命令按钮栏中单击"转换实体引用"→"转换实体引用"按钮，如图5-66所示。

（2）选择第一个轮廓线，按回车键，将第一个轮廓线复制到上表面，如图5-67
所示。

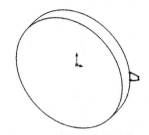

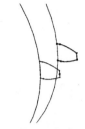

图5-65 绘制轮齿轮廓线　　　图5-66 单击"转换实体引用"按钮　图5-67 复制第一个轮廓线

（3）单击"移动实体"→"旋转实体"按钮，如图5-68所示。

（4）选择复制后的轮廓为"要旋转的实体"，选择圆心为旋转中心，将旋转角度
设为5°，如图5-69所示。

图5-68 单击"旋转实体"按钮　　　　　图5-69 设置"旋转"参数

（5）单击"确定"按钮，将第二个轮廓沿圆心旋转5°，如图5-70所示。

（6）单击"放样凸台/基准"按钮，选择两个草图，两个草图上将会显示两个绿
色的点，将两个绿色点拖到对应位置，如图5-71所示。

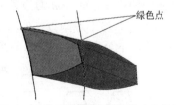

图5-70 创建第二个轮廓　　　　　图5-71 将两个绿色点拖到对应位置

（7）单击"确定"按钮，创建第一个轮齿，如图5-72所示。

（8）按照前面的方法，对轮齿进行阵列，创建斜齿轮，如图5-73所示。

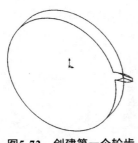

图5-72 创建第一个轮齿

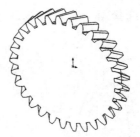

图5-73 对轮齿进行阵列

5.9 创建齿条

齿条常常与齿轮形成齿轮齿条机构，本节介绍齿条的结构，并介绍创建齿条的方法，齿条参数的含义如表5-2所示。

表 5-2 齿条参数

名称	代号	计算公式
模数	m	
周节	t	$t = \pi \cdot m$
齿厚	s	$s = t / 2$
齿顶高	h_1	$h_1 = m$
齿根高	h_2	$h_2 = 1.25 \cdot m$
齿全高	h	$h = h_1 + h_2$

1. 齿条的画法

齿条的结构如图5-74所示，其作图方法是先画一条基线，在基线上方画一条齿顶高线，与基线的距离 $h_1 = m$（m 为齿条的模数），在基线下方画一条齿根线，与基线的距离 $h_2 = 1.25 \cdot m$。在基线上取两点（两点的距离为 $(\pi \cdot m) / 2$），经过所取的两点相向画斜线，上至齿顶高线，下至齿根线，倾斜角20°（压力角）。再根据节距的倍数水平阵列。

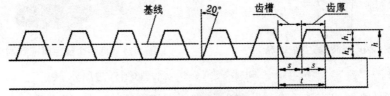

图5-74 齿条结构图

2. 齿条建模

按照前面渐开线齿轮的模数 $m = 8$mm 创建齿条，步骤如下。

（1）单击"新建"按钮📄，弹出"新建SolidWorks文件"对话框，单击"零件"按钮。

（2）单击 **SOLIDWORKS** ▸ 旁边的▸符号，在菜单栏中选择"工具"→"方程式"命令。

（3）在弹出的"方程式、整体变量及尺寸"表格中，双击"全局变量"下面的空格，输入"m"，在"数值/方程式"对应栏中输入"=8"，单位选择mm，在"估算到"栏中显示8mm。

（4）采用相同的方法，在"方程式、整体变量及尺寸"表格中添加以下数值，如图5-75所示，其中，"b"为齿条的厚度。

名称	数值/方程式	估算到	评论
□ 全局变量			
"m"	= 8mm	8mm	
"t"	= pi * "m"	25.1327mm	
"s"	= "t" / 2	12.5663mm	
"h1"	= "m"	8mm	
"h2"	= 1.25 * "m"	10mm	
"b"	= 30mm	30mm	

图5-75　在"方程式、整体变量及尺寸"表格中添加齿轮的数值

（5）单击"确定"按钮，退出"方程式、整体变量及尺寸"表格。

（6）在特征树中单击方程式文件夹前面的▸符号，展开方程式文件夹，如图5-76所示。

（7）以前视基准面为草绘平面，绘制一个梯形，并在梯形中间绘制一条虚线，如图5-77所示。

（8）在命令按钮栏中单击"显示/删除几何关系"→"添加几何关系"，选择梯形的下底边和原点，在"添加几何关系"栏中单击"重合"按钮 ，将梯形的下底边设为经过原点。

（9）再在命令按钮栏中单击"中点"按钮 ，将梯形下底边的中点与原点重合。

（10）选择虚线的端点与斜边，在"添加几何关系"栏中单击"重合"按钮 ，虚线的端点落在斜边上。

（11）标注底边与斜边的夹角为70°，如图5-78所示。

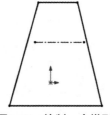

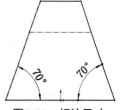

图5-76　展开方程式文件夹　　**图5-77　绘制一个梯形**　　**图5-78　标注尺寸**

（12）标注虚线长度，尺寸为任意值，如图5-79所示。

（13）双击该尺寸，在弹出的"修改"对话框中将该尺寸改为"s"，如图5-80所示。

（14）单击"确定"按钮 ✓，虚线长度变为12.57mm，如图5-81所示。

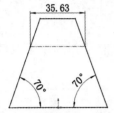
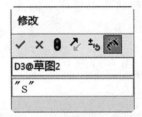
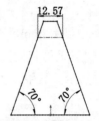

图5-79　标注虚线两端点之间的距离　　图5-80　将该尺寸改为"s"　　图5-81　虚线长度变为12.57mm

（15）采用相同的方法，标注虚线与上底之间的距离，并将尺寸改为"h1"，虚线与上底之间的距离变为8mm；标注虚线与下底之间的距离，并将尺寸改为"h2"，虚线与下底之间的距离变为10mm，如图5-82所示。

（16）在标签栏中单击"特征"标签，再在命令按钮栏中单击"拉伸凸台/基体"按钮 ，弹出"凸台-拉伸1"属性管理器，在"深度" 栏中输入"B"。

（17）单击"确定"按钮 ✓，创建一个轮齿，如图5-83所示。

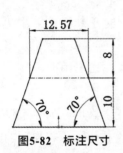

图5-82　标注尺寸

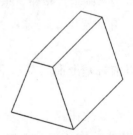

图5-83　创建一个轮齿

（18）以前视基准面为草绘平面，绘制一个矩形（1000mm×10mm），其中矩形的上边线与轮齿的下边重合，如图5-84所示。

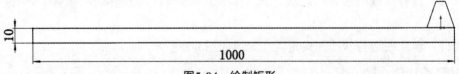

图5-84　绘制矩形

（19）在标签栏中单击"特征"标签，再在命令按钮栏中单击"拉伸凸台/基体"按钮 ，弹出"凸台-拉伸1"属性管理器，在"深度" 栏中输入"B"。

（20）单击"确定"按钮 ✓，在轮齿的下方创建一个长方体，如图5-85所示。

图5-85　创建长方体

（21）在标签栏中单击"特征"标签，再在命令按钮栏中单击"线性阵列"→"线性阵列"按钮![](），弹出"线性阵列"属性管理器。

（22）单击"方向1"下面的显示框，再选择实体的右侧面，在"线性阵列"属性管理器中单击"反方"按钮![](），使实体侧面的箭头朝向实体内部，在"线性阵列"属性管理器中将"间距"设为"t"，将"个数"设为"1000/″t″"。

（23）选择轮齿，单击"确定"按钮![](），创建齿条，如图5-86所示。

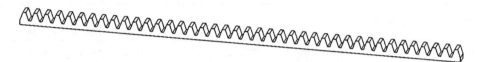

图5-86 齿条

5.10 创建蜗轮

蜗轮蜗杆传动机构通常用于垂直交叉的两轴之间的传动，其中蜗杆是主动件，蜗轮是从动件，蜗轮蜗杆的齿向是螺旋形，蜗轮蜗杆的结构如图5-87所示，计算公式如表5-3所示。本节与5.11节讲述运用SolidWorks参数式方法绘制蜗轮蜗杆。

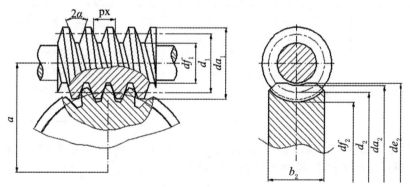

图5-87 蜗轮蜗杆结构图

表 5-3 蜗轮蜗杆参数的计算公式

名称	符号	蜗杆	蜗轮
蜗杆头数	z_1	一般为 1，2，4，6	
蜗轮齿数	z_2		$z_2 = i \times z_1$ （i 为传动比）
直径系数	q	$q = \dfrac{d_1}{m}$	
压力角	α	一般为 20°	
中心距	a	$a = \dfrac{d_1 + d_2}{2} = \dfrac{m}{2} \times (q + z_2)$	
蜗轮齿顶高	h_a	$h_a = m$	

续表

名称	符号	蜗杆	蜗轮
蜗轮齿根高	h_f	\multicolumn{2}{c}{$h_f = 1.2 \times m$}	
蜗轮齿高	h	\multicolumn{2}{c}{$h = h_a + h_f = 2.2 \times m$}	
分度圆直径	d	$d_1 = m \times q$	$d_2 = m \times z_2$
齿顶圆直径	d_a	$d_{a_1} = d_1 + 2h_{a_1} = d_1 + 2 \times m$	
喉圆直径	d_a		$(z_2 + 2) \times m$ 相当于普通齿轮的齿顶圆
齿根圆直径	d_f	$d_{f_1} = d_1 - 2h_{f_1} = d_1 - 2.4 \times m$	$d_{f_2} = d_2 - 2h_{f_2} = d_2 - 2.4 \times m$
顶圆直径	d_e		当 $z_1 = 1$ 时，$d_{e_2} \leqslant d_2 + 4 \times m$ 当 $z_1 = (2 \sim 3)$ 时，$d_{e_2} \leqslant d_2 + 3.5 \times m$
基圆直径	d_b		$d_b = d_2 \times \cos \propto$
轴向齿距	p_x	$p_x = \pi \times m$	
导程	p_z	$p_z = z_1 \times \mathrm{px}$	
导程角	γ	$\tan \gamma = \dfrac{z_1}{q}$	
蜗杆齿顶圆	R_a		$R_{a_2} = \dfrac{d_{f_1}}{2} + 0.2m = \dfrac{d_1}{2} - m$
蜗杆齿根圆	R_f		$R_{f_2} = \dfrac{d_{a_1}}{2} + 0.2m = \dfrac{d_1}{2} + 1.2 \times m$
齿宽	b	当 $z_1 = 1 \sim 2$ 时 $b_1 \geqslant (11 + 0.06z_2) \times m$ 当 $z_1 = 3 \sim 4$ 时 $b_1 \geqslant (12.5 + 0.09z_2) \times m$	当 $z_1 \leqslant 3$ $b_2 \leqslant 0.75 \times d_{a_1}$ 当 $z_1 \geqslant 4$ $b_2 \leqslant 0.67 \times d_{a_1}$

已知蜗轮模数为1.5mm，齿数为45，压力角为20°，蜗杆齿顶圆直径为 $d_{a_1} = 25$mm，头数为1，试计算蜗轮蜗杆传动机构的主要参数。

解：

蜗轮分度圆直径为：$d_2 = m \times z_2 = 1.5 \times 45\mathrm{mm} = 67.5\mathrm{mm}$

蜗轮齿根圆直径为：$d_{f_2} = d_2 - 2h_{f_2} = d_2 - 2.4 \times m = 67.5 - 2.4 \times 1.5\mathrm{mm} = 63.9\mathrm{mm}$

蜗轮喉圆直径为：$d_{a_2} = (z_2 + 2) \times m = (45 + 2) \times 1.5\mathrm{mm} = 70.5\mathrm{mm}$

蜗轮顶圆直径为：$d_{e_2} = d_2 + 4 \times m = 67.5 + 4 \times 1.5\mathrm{mm} = 73.5\mathrm{mm}$

蜗轮基圆直径为：$d_{b_2} = d_2 \times \cos 20° = 67.5 \times \cos 20°\mathrm{mm} = 63.43\mathrm{mm}$

蜗轮齿根圆直径为：$d_{f_2} = d_2 - 2.4 \times m = 67.5 - 2.4 \times 1.5\mathrm{mm} = 63.9\mathrm{mm}$

蜗杆分度圆直径为：$d_1 = d_{a_1} - 2 \times m = 25 - 2 \times 1.5\mathrm{mm} = 22\mathrm{mm}$

蜗杆齿根圆直径为：$d_{f_1} = d_1 - 2.4 \times m = 22 - 2.4 \times 1.5\mathrm{mm} = 18.4\mathrm{mm}$

蜗杆齿距为：$p_x = \pi \times m = 4.71\mathrm{mm}$

蜗杆齿顶高为：$h_a = m = 1.5\text{mm}$

蜗杆齿根高为：$h_f = 1.2 \times m = 1.2 \times 1.5\text{mm} = 1.8\text{mm}$

蜗轮厚度为：$b \leqslant 0.75 \times d_{a_1}$，取18mm

蜗轮齿顶圆半径：

$$R_{a_2} = \frac{d_{f_1}}{2} + 0.2m = \frac{d_1}{2} - m = 9.5\text{mm}$$

蜗轮蜗杆的中心距为：

$$a = \frac{d_1 + d_2}{2} = \frac{22 + 67.5}{2}\text{mm} = 44.75\text{mm}$$

按上述参数创建蜗轮，步骤如下。

（1）单击"新建"按钮，弹出"新建SolidWorks文件"对话框，单击"零件"按钮。

（2）按下列步骤添加方程式。

① 单击 $\boldsymbol{\not\!\!2S}$ **SOLIDWORKS** 旁边的▶符号，在菜单栏中选择"工具"→"方程式"命令。

② 在弹出的"方程式、整体变量及尺寸"表格中添加蜗轮蜗杆的参数，如图5-88所示。

名称	数值/方程式	估算到	评论	
全局变量				确定
"m"	= 1.5mm	1.5mm		取消
"z2"	= 45	45		
"alpha"	= 20度	20度		输入(I)…
"da1"	= 25mm	25mm		
"b"	= 0.75 * "da1"	18.75mm		输出(E)…
"ha"	= "m"	1.5mm		
"hf"	= 1.2 * "m"	1.8mm		帮助(H)
"d1"	= "da1" - 2 * "m"	22mm		
"d2"	= "m" * "z2"	67.5mm		
"da2"	= ("z2" + 2) * "m"	70.5mm		
"df1"	= "d1" - 2.4 * "m"	18.4mm		
"df2"	= "d2" - 2.4 * "m"	63.9mm		
"de2"	= "d2" + 4 * "m"	73.5mm		
"db2"	= "d2" * cos ("alpha")	63.4293mm		
"ra2"	= "d1" / 2 - "m"	9.5mm		
"rf2"	= "d1" / 2 + "m"	12.5mm		
"a"	= "d1" / 2 + "d2" / 2	44.75mm		

图5-88 添加数据

③ 单击"确定"按钮，在特征树中将会添加以上方程式的文件夹，如图5-89所示。

（3）以蜗轮顶圆绘制蜗轮基体。

① 以上视基准面为草绘平面，以原点为圆心，任意绘制一个圆，并标注尺寸，如图5-90所示。

② 双击该尺寸，在弹出的"修改"对话框中将圆的直径改为"de2"，如图5-91所示。

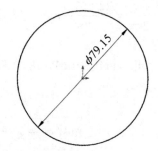

方程式
- ⊗ "m"=1.5mm
- ⊗ "z2"=45
- ⊗ "alpha"=20度
- ⊗ "da1"=25mm
- ⊗ "b"=18.75mm
- ⊗ "ha"=1.5mm
- ⊗ "hf"=1.8mm
- ⊗ "d1"=22mm
- ⊗ "d2"=67.5mm
- ⊗ "da2"=70.5mm
- ⊗ "df1"=18.4mm
- ⊗ "df2"=63.9mm
- ⊗ "de2"=73.5mm
- ⊗ "db2"=63.4293mm
- ⊗ "ra2"=9.5mm
- ⊗ "rf2"=12.5mm
- ⊗ "a" =44.75

图5-89　展开方程式文件夹　　图5-90　任意绘制一个圆，并标注尺寸　　图5-91　将圆的直径改为"de2"

③ 单击"确定"按钮✓，圆的直径更改为φ73.5mm，如图5-92所示。

④ 在标签栏中单击"特征"标签，再在命令按钮栏中单击"拉伸凸台/基体"按钮📦，弹出"凸台-拉伸1"属性管理器，在"方向1"栏中选择"两侧对称"，在"深度"❖栏中输入"b"，如图5-93所示。

⑤ 单击"确定"按钮✓，以蜗轮顶圆创建圆柱，厚度为18.75mm，如图5-94所示。

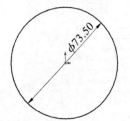

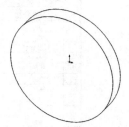

图5-92　圆的直径更改为φ73.5mm　　图5-93　设置"凸台-拉伸1"参数　　图5-94　创建圆柱

（4）创建蜗轮齿顶圆。

① 选择前视基准面，在弹出的快捷按钮框中单击"正视于"按钮⬇。再次选择前视基准面，在弹出的快捷按钮框中单击"绘制草图"按钮🗇，经过原点绘制一条竖直中心线，绘制任意圆，并标注尺寸，如图5-95所示。

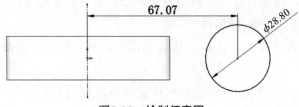

图5-95　绘制任意圆

② 在命令按钮栏中单击"显示/删除几何关系"→"添加几何关系"，选择圆心和原点，在"添加几何关系"栏中单击"水平"按钮 ⊟，将圆心和原点设为同一水平线上。

③ 双击圆的直径尺寸，在弹出的"修改"对话框中将圆的直径改为"2*″ra2″"，圆的直径变为 ϕ19mm；再双击圆心到原点间的距离，在弹出的"修改"对话框中将圆的直径改为"a"，圆心到原点间的距离变为44.75mm，如图5-96所示。

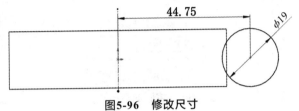

图5-96　修改尺寸

④ 在标签栏中单击"特征"标签，再在命令按钮栏中单击"旋转切除"按钮 🔟，在"旋转"属性管理器中，在"方向1（1）"栏中选择"给定深度"，将"旋转角度"设为360°。

⑤ 单击"确定"按钮 ✔，创建蜗轮齿顶圆，如图5-97所示。

⑥ 在命令按钮栏中单击"倒角"按钮 🔲。

⑦ 选择圆柱端面的边线，在"倒角"操控板中设定倒角的距离为1mm。

⑧ 单击"确定"按钮 ✔，创建倒角特征，如图5-98所示。

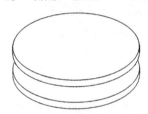

图5-97　创建蜗轮齿顶圆

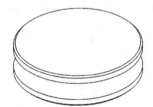

图5-98　创建倒角特征

（5）创建渐开线。

① 单击 **🅂 SOLIDWORKS** ▶旁边的▶符号，在菜单栏中选择"工具"→"草图绘制实体"→"方程式驱动的曲线"命令，选取上视基准面为草绘平面，在"方程式驱动的曲线"属性管理器中先单击"参数性"单选按钮，再输入下列方程。

$$x_t=″db_2″*(\cos(\tan(t))+\tan(t)*\sin(\tan(t)))/2$$
$$y_t=″db_2″*(\sin(\tan(t))-\tan(t)*\cos(\tan(t)))/2$$
$$t_1=0$$
$$t_2=pi/4$$

② 所设置的"方程式驱动的曲线"属性管理器如图5-45所示。

③ 单击"确定"按钮 ✔，创建渐开线，如图5-99所示。（提示，暂时不退出草图。）

（6）绘制分度圆。

·129·

① 以原点为圆心，任意绘制一个圆，并标注尺寸。

② 双击尺寸，在弹出的"修改"对话框中将圆的直径改为"d2"，如图5-100所示。

③ 单击"确定"按钮 ✔，圆的直径变为ϕ67.5mm，如图5-101所示。（提示，暂时不退出草图。）

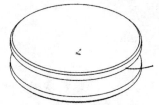

图5-99 创建渐开线   图5-100 将圆的直径改为"d"   图5-101 绘制分度圆

（7）绘制轮齿轮廓。

① 以原点为起点，任意绘制一条直线，如图5-102所示。

② 在命令按钮栏中单击"显示/删除几何关系"→"添加几何关系"，选择渐开线，在"添加几何关系"栏中单击"固定"按钮 🔒，单击"确定"按钮 ✔，将渐开线设为固定。

③ 选择直线的端点，再选择分度圆，在"添加几何关系"栏中单击"重合"按钮 ⋏，直线的端点落在分度圆上。

④ 再次选择直线的端点，再选择渐开线，在"添加几何关系"栏中单击"重合"按钮 ⋏，直线的端点落在分度圆与渐开线的交点处，如图5-103所示。

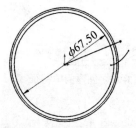

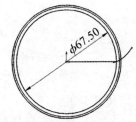

图5-102 绘制一条直线   图5-103 直线的端点落在分度圆与渐开线的交点处

⑤ 选择分度圆直径的标注，右击，在弹出的快捷菜单中单击"隐藏"按钮 🚫，隐藏标注。

⑥ 以原点为起点，任意绘制一条直线，并标注角度尺寸，如图5-104所示。

⑦ 双击角度尺寸，在弹出的"修改"对话框中将角度改为"306/"Z2"/2/2"，如图5-105所示。

⑧ 单击"确定"按钮 ✔，角度改为2°，如图5-106所示。

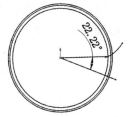

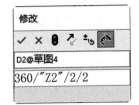

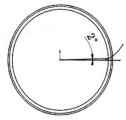

图5-104　任意绘制一条直线　　　图5-105　将角度改为"306/"Z2"/2/2"　　图5-106　角度改为2°

⑨ 单击"镜像实体"按钮，在"镜像"屏幕上方单击"要镜像的实体"栏中的显示框，再选择渐开线，然后单击"镜像轴"栏中的显示框，再选择图5-106中所绘制的线。

⑩ 单击"确定"按钮，将渐开线沿直线镜像，如图5-107所示。（提示，暂时不退出草图。）

⑪ 以原点为圆心，任意绘制一个圆，并标注尺寸，然后双击该尺寸，在弹出的"修改"对话框中将圆的直径改为"de2"，如图5-91所示。

⑫ 单击"确定"按钮，圆的直径更改为ϕ73.5mm，如图5-92所示。（提示，暂时不退出草图。）

⑬ 以原点为圆心，任意绘制一个圆，并标注尺寸，然后双击该尺寸，在弹出的"修改"对话框中将圆的直径改为"df2"。

⑭ 单击"确定"按钮，圆的直径更改为ϕ63.9mm。（提示，暂时不退出草图。）

⑮ 在命令按钮栏中单击"显示/删除几何关系"→"添加几何关系"，选择镜像后的渐开线，在"添加几何关系"栏中单击"固定"按钮，单击"确定"按钮，将镜像后的渐开线设为固定。

⑯ 单击"裁剪实体"按钮，剪除分度圆，以及其他不需要的草图线，只保留轮齿轮廓线，如图5-108所示。

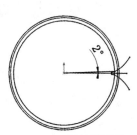

图5-107　镜像渐开线

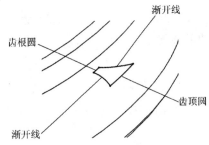

图5-108　只保留轮齿轮廓线

⑰ 单击"退出草图"按钮，绘制轮齿截面。

（8）绘制轮齿螺旋线。

① 选择前视基准面，在弹出的快捷按钮框中单击"正视于"按钮。再次选择前视基准面，在弹出的快捷按钮框中单击"绘制草图"按钮，经过原点绘制一条竖直中心线，绘制任意圆，并标注尺寸，如图5-95所示。

②　在命令按钮栏中单击"显示/删除几何关系"→"添加几何关系"，选择圆心和原点，在"添加几何关系"栏中单击"水平"按钮 ，将圆心和原点设为同一水平线上。

③　双击圆的直径尺寸，在弹出的"修改"对话框中将圆的直径改为"2*″ra2″"，圆的直径变为ϕ19mm；再双击圆心到原点间的距离，在弹出的"修改"对话框中将圆的直径改为"a"，圆心到原点间的距离变为44.75mm，如图5-96所示。

④　在标签栏中单击"特征"标签，再在命令按钮栏中单击"曲线"→"螺旋线/涡状线"按钮 ，在"螺旋线/涡状线"属性管理器中，将"螺距"设为0.5，"圈数"设为1.5* pi，"起始角度"设为270°，单击"顺时针"单选按钮，如图5-109所示。

⑤　单击"确定"按钮 ，创建螺旋线，如图5-110所示。

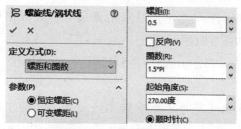

图5-109　设定螺旋参数

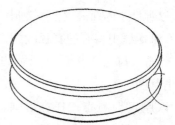

图5-110　创建螺旋线

（9）创建轮齿。

①　在标签栏中单击"特征"标签，再在命令按钮栏中单击"扫描切除"按钮 ，选择图5-108所创建的轮齿轮廓线为扫描截面，选择螺旋线为扫描路径，单击"确定"按钮 ，创建齿槽。

②　在标签栏中单击"特征"标签，再在命令按钮栏中单击"线性阵列"→"圆周阵列"按钮 ，先在弹出的"圆周阵列"属性管理器中单击"方向1"栏中的显示框，再选择圆柱面，以圆柱面的中心轴为阵列方向，选择"等间距"单选按钮，将"总角度" 设为360°，"阵列个数"设为z，单击"特征和面"栏中的显示框，再选择上一步创建的齿槽，如图5-63所示。

③　单击"确定"按钮 ，沿圆柱中心轴线方向进行阵列轮齿，如图5-111所示。

④　创建其他特征，如图5-112所示。其中，内孔的直径为ϕ40mm，台阶的直径为ϕ60mm，台阶的厚度为10mm，3个小孔的直径为ϕ4mm，均匀分布在ϕ50mm的圆周上。

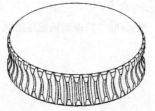

图5-111　阵列齿槽

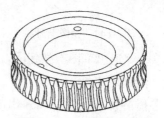

图5-112　创建其他特征

5.11 创建蜗杆

按5.10节的参数绘制蜗杆。

（1）单击"新建"按钮 ，弹出"新建SolidWorks文件"对话框，单击"零件"按钮 。

（2）以蜗杆齿根圆大小创建蜗杆基体。

① 单击 **3S SOLID**WORKS 旁边的▶符号，在菜单栏中选择"工具"→"方程式"命令。

② 在弹出的"方程式、整体变量及尺寸"表格中添加蜗轮蜗杆的参数。

③ 在设计树中选择前视基准面，绘制一个矩形，并标注尺寸，如图5-113所示。

④ 双击矩形的高度尺寸，在弹出的"修改"对话框中将高度尺寸改为"″df1″/2"，如图5-114所示。（矩形的长度为50mm不变。）

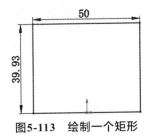

图5-113　绘制一个矩形

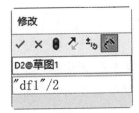

图5-114　将高度尺寸改为"″df1″/2"

⑤ 单击"确定"按钮 ，矩形尺寸变为50mm×9.2mm，如图5-115所示。

⑥ 在命令按钮栏中单击"显示/删除几何关系"→"添加几何关系"，选择矩形下底边的中点和坐标原点，再在"添加几何关系"属性管理器中单击"重合"按钮 ，使矩形下底边的中点和坐标原点重合。

⑦ 在标签栏中单击"特征"标签，再在命令按钮栏中单击"旋转凸台/基体"按钮 ，在"旋转"属性管理器中，先单击"旋转轴"下面的显示框，选择矩形的下边线为旋转轴，在"方向1（1）"栏中选择"给定深度"，将"旋转角度"设为360°。

⑧ 单击"确定"按钮 ，创建蜗杆基体，如图5-116所示。

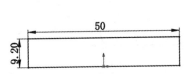

图5-115　矩形尺寸变为50mm×9.2mm

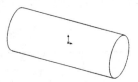

图5-116　创建蜗杆基体

（3）绘制螺旋线。

① 单击 **3S SOLID**WORKS 旁边的▶符号，在菜单栏中选择"插入"→"3D草图"命令。

② 再单击 **3S SOLID**WORKS 旁边的▶符号，在菜单栏中选择"工具"→"草图绘制实体"→"方程式驱动的曲线"命令，在弹出的"方程式驱动的曲线"属性管理器中输入下列方程。

$$x_t= \text{pi}*\text{"m"}*t-2.5*\text{pi}*\text{"m"}$$
$$y_t=\text{"}df1\text{"}*\cos(2*\text{pi}*t)/2$$
$$z_t=\text{"}df1\text{"}*\sin(2*\text{pi}*t)/2$$
$$t_1=0$$
$$t_2=5$$

（提示，$2.5*\text{pi}*\text{"m"}$的作用是将螺旋线向细轴的负方向移动$2.5*\text{pi}*\text{"m"}$，使螺旋线均匀分布在原点两侧。）

③ 所设置的"方程式驱动的曲线"属性管理器如图5-117所示。

④ 单击"确定"按钮 ✔，创建螺旋曲线，如图5-118所示。

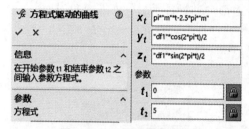

图5-117　设置螺旋线参数

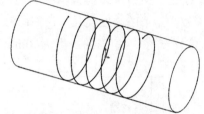

图5-118　创建螺旋线

⑤ 单击"草图绘制"下面的▼符号，选择"3D草图"命令，退出3D草绘模式。

（4）绘制蜗杆齿形草图。

① 选择前视基准面，在弹出的快捷菜单栏中单击"正视于"按钮。再次选择前视基准面，在弹出的快捷菜单栏中单击"绘制草图"按钮，绘制一个四边形，并绘制一条虚线，如图5-119所示。

② 在命令按钮栏中单击"显示/删除几何关系"→"添加几何关系"，选择四边形的上边，再在"添加几何关系"属性管理器中单击"水平"按钮，使四边形的上边变为水平。

③ 采用相同的方法，使下边线和虚线变为水平。

④ 选择四边形的两条斜边，再在"添加几何关系"属性管理器中单击"相等"按钮，使两条斜边的长度相等，调整后的四边形变为等腰梯形，如图5-120所示。

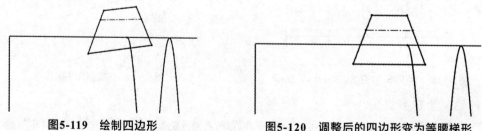

图5-119　绘制四边形　　　　图5-120　调整后的四边形变为等腰梯形

⑤ 选择四边形上边的中点和螺旋线的端点，再在"添加几何关系"属性管理器中单击"竖直"按钮，使四边形上边的中点和螺旋线的端点在同一竖直线上，如图5-121所示。

⑥ 经过原点绘制一条水平中心线，并标注尺寸，尺寸值为任意数值，如图5-122所示。

双击该尺寸，在弹出的"修改"对话框中将该尺寸改为""d1"/2"，如图5-123所示。

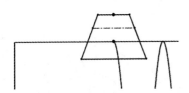

图5-121 上边的中点和螺旋线的端点竖直

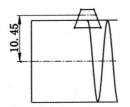

图5-122 标注尺寸

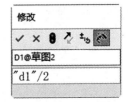

图5-123 将该尺寸改为""d1"/2"

⑦ 单击"确定"按钮 ✔，该尺寸变为"11"，如图5-124所示。

⑧ 标注梯形中虚线长度，如图5-125所示。

⑨ 双击虚线长度尺寸，在"修改"对话框中将该尺寸改为"pi*"m"/2"，如图5-126所示。

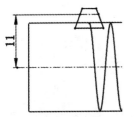

图5-124 该尺寸变为"11"

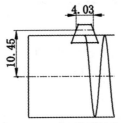

图5-125 标注虚线长度

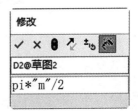

图5-126 将尺寸改为"pi*"m"/2"

⑩ 单击"确定"按钮 ✔，该尺寸变为"2.36"，如图5-127所示。

⑪ 标注梯形上底与虚线距离，即蜗杆齿顶高，如图5-128所示。

⑫ 双击蜗杆齿顶高尺寸，在"修改"对话框中将蜗杆齿顶高尺寸改为"m"，如图5-129所示。

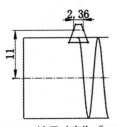

图5-127 该尺寸变为"2.36"

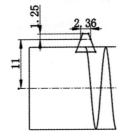

图5-128 标注蜗杆齿顶高

图5-129 将蜗杆齿顶高尺寸改为"m"

⑬ 单击"确定"按钮 ✔，该尺寸变为"1.5"，如图5-130所示。

⑭ 标注等腰梯形与下底的夹角为70°，如图5-131所示。

⑮ 单击"退出草图"按钮 ↵，完成绘制蜗杆杆齿草图。

提示：应将梯形的下边深入到圆柱内部，否则，在创建扫描时，SolidWorks将会提示出错。

（5）创建蜗杆特征。

① 在标签栏中单击"特征"标签，再在命令按钮栏中单击"扫描"按钮 ✐，弹出"扫描"属性管理器，在"轮廓和路径"栏中单击"草图轮廓"单选按钮，选择上一步创建的梯形为扫描截面，选择螺旋线为扫描路径。

② 单击"确定"按钮 ✓，创建蜗杆轮齿，如图5-132所示。

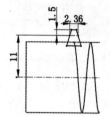

图5-130　蜗杆齿顶高变为"1.5"

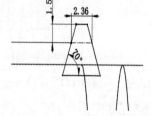

图5-131　标注梯形与下底的夹角

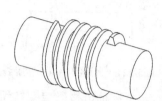

图5-132　创建蜗杆轮齿

5.12　运用设计库设计标准件

SolidWorks提供了一套标准件库文件，其中包括齿轮、齿条、螺栓、螺母、垫片、键、轴承等，在设计标准件时，可以直接调用标准件库，设计过程非常简单。

1. 创建直齿轮

（1）单击"新建"按钮 🗋，在"新建SolidWorks文件"对话框中单击"零件"按钮 🪣，在工作区右侧会弹出一列快捷按钮，这列按钮为"任务窗格"按钮，如图5-133所示。

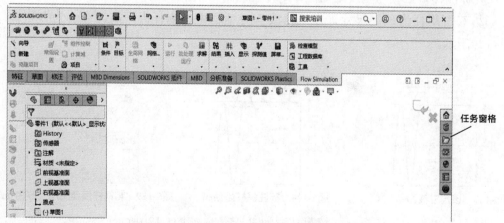

图5-133　在屏幕的右侧排布"任务窗格"按钮

（2）如果工作区右侧有"任务窗格"按钮，请直接跳过本步。如果没有，请按以下步骤调出"任务窗格"按钮。

① 在工作区顶端工具栏的任意空白处右击，在弹出的快捷菜单中选择"工具栏"，如图5-134所示。

图5-134 选择"工具栏"

② 在弹出的下拉菜单中选择"任务窗格"命令，如图5-135所示。

图5-135 选择"任务窗格"命令

③ 工作区右侧出现如图5-133所示的"任务窗格"命令条。

（3）在"任务窗格"命令条中单击"设计库"按钮，在弹出的"设计库"窗口中单击Toolbox按钮，在窗口的下方显示很多国家的标准，在其中双击中国标准GB按钮，如图5-136所示。

（4）弹出一个窗口，显示SolidWorks软件中所含的标准件名称，在其中单击"动力传动"按钮，如图5-137所示。

（5）在下一个窗口中单击"齿轮"按钮，显示几种不同类型的齿轮图标，在其中选择"正齿轮"，右击，在弹出的快捷菜单中选择"生成零件"命令，如图5-138所示。

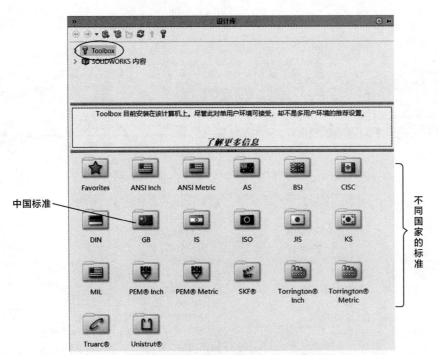

图5-136　双击中国标准GB按钮

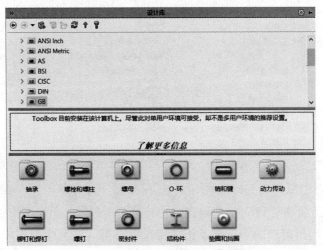

图5-137　单击"动力传动"按钮

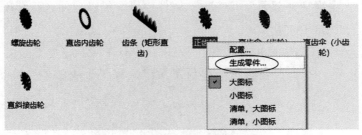

图5-138　选择"生成零件"命令

（6）在工作区左侧弹出"配置零部件"属性管理器，在"模数"栏中选择2mm，"齿数"栏中选择40，"压力角"栏中选择20°，将"面宽"设为12mm，如图5-139所示。

（7）单击"确定"按钮✔，系统自动创建一个新文件，新文件的绘图界面中已创建直齿轮造型，如图5-140所示。

图5-139 设置齿轮参数

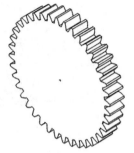

图5-140 创建一个直齿轮

2. 创建轴承

（1）单击"新建"按钮📄，在"新建SolidWorks文件"对话框中单击"零件"按钮，在工作区右侧弹出一列快捷按钮，这列按钮为"任务窗格"按钮，如图5-133所示。

（2）在"任务窗格"命令条中单击"设计库"按钮，在弹出的"设计库"窗口中单击Toolbox按钮，在窗口的下方显示很多国家的标准，在其中双击中国标准GB按钮，如图5-136所示。

（3）弹出一个窗口，显示SolidWorks软件中所含的标准件名称，在其中单击"轴承"按钮，参考图5-137。

（4）再在下一个窗口中单击"滚动轴承"按钮，

（5）显示几种不同类型的轴承图标，在其中选择一个轴承图标，右击，在弹出的快捷菜单中选择"生成零件"命令，参考图5-138。

（6）系统自动创建一个轴承。

5.13 小结

本章主要讲述了SolidWorks参数式零件的设计方法，此方法还可以创建正弦曲线、余弦曲线、抛物线、双曲线等特殊的曲线，不再赘述。

5.14 作业

（1）用参数式设计如图5-141所示的产品，其中波浪圆的直径为φ600，正弦振幅为10mm，有18个正弦波，波浪圆与上表面的距离为150mm。效果图如图5-142所示。

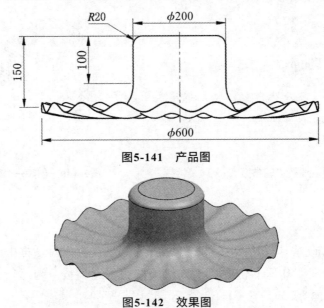

图5-141 产品图

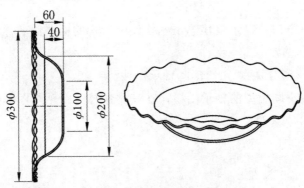

图5-142 效果图

（2）创建一个果盆，果盆边沿为直径为φ300mm的波浪圆，有24个正弦波，振幅为5mm，果盆尺寸如图5-143所示。

图5-143 果盆产品图

第6章

装配体设计

本章通过对台钳的零件进行装配，详细讲解应用SolidWorks 2021进行装配体设计、装配体爆炸图设计的主要操作过程。台钳示意图如图6-1所示。

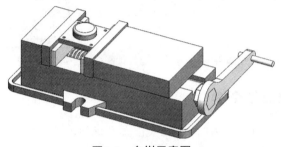

图6-1　台钳示意图

6.1 创建装配图

1. 装配第一个零件

（1）单击"新建"按钮，弹出"新建SolidWorks文件"对话框，单击"装配体"按钮，如图6-2所示。

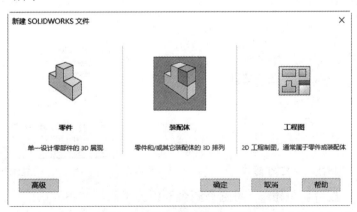

图6-2　单击"装配体"按钮

（2）单击"确定"按钮，进入装配环境。

（3）在"装配"属性管理器中单击"浏览"按钮，选择素材文件夹中第6章的"固定钳身"文档。

（4）选择坐标系，将"固定钳身"文档的坐标系与装配文档的坐标系重合，装配第一个零件，如图6-3所示。

（5）在设计树中可看出该文档前有"（固定）"字样，如图6-4所示，表示该零件是固定的，不能移动。

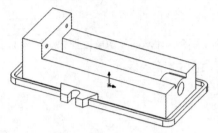

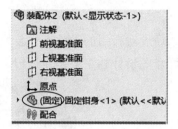

图6-3　装配第一个零件　　　　　　图6-4　　"固定钳身"之前有"固定"字样

2. 装配第二个零件

（1）在标签栏中单击"装配体"标签，再在命令按钮栏中单击"插入零部件"按钮，如图6-5所示。

图6-5　单击"插入零部件"按钮

（2）在"装配"属性管理器中单击"浏览"按钮，选择"钳口垫块"文档。

（3）选择合适的位置暂时放置该零件，如图6-6所示。

（4）在设计树中"钳口垫块"前显示"（-）"符号，如图6-7所示，表示该零件没有完全约束。

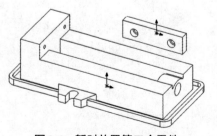

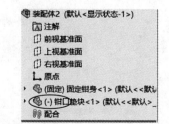

图6-6　暂时放置第二个零件　　　　图6-7　　"钳口垫块"前显示"（-）"符号

（5）单击"配合"按钮✎，再选择两个着色的平面，如图6-8所示。

（6）在"配合选择"属性管理器中，将"配合类型"设为"重合"◪，将"配合对齐"设为"反向对齐" ，如图6-9所示。

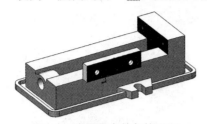

图6-8 选择两个着色的平面

图6-9 将"配合对齐"设为"反向对齐"

（7）单击"确定"按钮 ✓，所选择的两个平面反向对齐，如图6-10所示。

（8）采用相同的方法，将"钳口垫块"的下底面与"固定钳身"的上表面反向对齐，如图6-11所示。

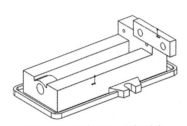

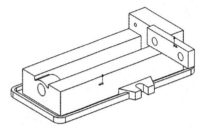

图6-10 两个平面反向对齐

图6-11 将两个零件的另一个面反向对齐

（9）单击"配合"按钮 🖉，在两个零件上选择对应孔的内表面，在"配合选择"属性管理器中将"配合类型"设为"同轴心" ◎，将"配合对齐"设为"同向对齐" 🐼。

（10）单击"确定"按钮 ✓，两个零件的小孔轴心同向对齐，如图6-12所示。

（11）此时设计树中"钳口垫块"前的"（-）"符号已消失，表示该零件已完全约束。

3. 装配第三个零件

（1）在标签栏中单击"装配体"标签，再在命令按钮栏中单击"插入零部件"按钮。

（2）在"装配"属性管理器中单击"浏览"按钮，选择"活动钳身"文档。

（3）选择合适的位置暂时放置该零件，如图6-13所示。

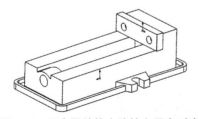

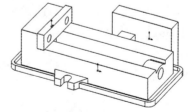

图6-12 两个零件的小孔轴心同向对齐

图6-13 暂时装配"活动钳身"零件

（4）在设计树中"活动钳身"前显示"（-）"符号，表示该零件没有完全约束。

（5）单击"配合"按钮 🖉，再选择两个着色的平面，如图6-14所示。

（6）在"配合选择"属性管理器中，将"配合类型"设为"重合" 🔨，"配合对齐"设为"反向对齐"🔐。

（7）单击"确定"按钮✔，所选择的两个平面反向对齐，如图6-15所示。

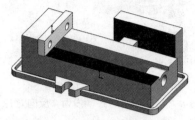

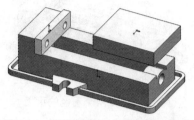

图6-14　选择两个着色的平面　　　　**图6-15　所选择的两个平面反向对齐**

（8）单击"配合"按钮🔗，再选择两个零件的侧面。

（9）在"配合选择"属性管理器中，将"配合类型"设为"重合"◸，"配合对齐"设为"正向对齐"🔐。

（10）单击"确定"按钮✔，将两个零件的侧面正向对齐，如图6-16所示。

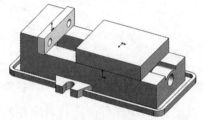

图6-16　将两个零件的侧面正向对齐

（11）单击"配合"按钮🔗，再选择两个着色的平面，如图6-17所示。

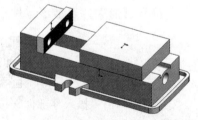

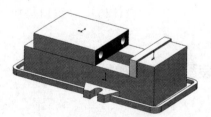

（a）选择钳口垫块的着色平面　　　　　　　（b）选择活动钳身的着色平面

图6-17　选择着色平面

（12）在"配合选择"属性管理器中，将"配合类型"设为"距离"▣，"距离"设为135mm，"配合对齐"设为"反向对齐"🔐，如图6-18所示。

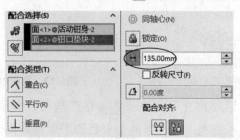

图6-18　将"距离"设为135mm

（13）单击"确定"按钮✔，所选择的两个平面距离相距150mm，如图6-19所示。

（14）此时设计树中"活动钳身"前的"（-）"符号已消失，表示该零件已完全约束。

4．装配第四个零件

按照前面插入第二个零件的方法，将"钳口垫块"装配在"活动钳身"上，如图6-20所示。

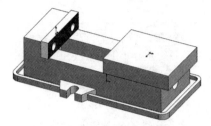

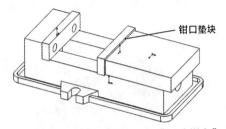

图6-19　所选择的两个平面距离相距150mm　　　　图6-20　将"钳口垫块"装配在"活动钳身"上

5．装配内六角螺栓

（1）在标签栏中单击"装配体"标签，再在命令按钮栏中单击"插入零部件"按钮。

（2）在"装配"属性管理器中单击"浏览"按钮，选择"内六角螺栓"文档。

（3）选择合适的位置暂时放置该零件，如图6-21所示。

（4）在设计树中"活动钳身"前显示"（-）"符号，表示该零件没有完全约束。

（5）单击"配合"按钮◐，再选择内六角螺栓的圆柱面和钳口垫块的圆柱面。

（6）在"配合选择"属性管理器中将"配合类型"设为"同轴心"◎，"配合对齐"设为"同向对齐"🔛。

（7）单击"确定"按钮✔，内六角螺栓与钳口垫块螺纹孔的轴线同向对齐，如图6-22所示。

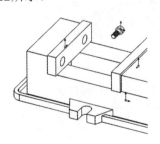

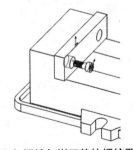

图6-21　将内六角螺栓放置在合适的位置　　　图6-22　内六角螺栓与钳口垫块螺纹孔的轴线同向对齐

（8）再将内六角螺栓的沉头平面与钳口垫块螺纹孔的沉头平面设为反向对齐，即可完成内六角螺栓的装配。

（9）采用相同的方法，装配另外三个内六角螺栓。

由于内六角螺栓只定义了两个约束，没有完全约束，所以在模型树中，"内六角螺栓"前有"（-）"符号。

6．装配工件垫块

按照前面所介绍的方法，在钳口垫块前装配工件垫铁，如图6-23所示。

7．装配丝杆

（1）为了方便操作，先将前面所装配的零件隐藏，具体方法是在模型树中选择所要隐藏的零件，在快捷窗口中单击"隐藏"按钮，如图6-24所示，只保留固定钳身。

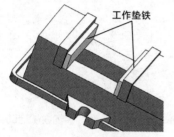

图6-23　装配工件垫铁

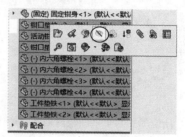

图6-24　单击"隐藏"按钮

（2）在标签栏中单击"装配体"标签，再在命令按钮栏中单击"插入零部件"按钮。

（3）在"装配"属性管理器中单击"浏览"按钮，选择"丝杆"文档。

（4）选择合适的位置暂时放置该零件。

（5）在设计树中"活动钳身"前显示"（-）"符号，表示该零件没有完全约束。

（6）单击"配合"按钮，再选择丝杆的端面A和固定钳身的平面B，如图6-25所示。

（7）在"配合选择"属性管理器中，将"配合类型"设为"重合"，"配合对齐"设为"反向对齐"，装配效果如图6-26所示。

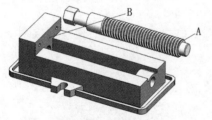

图6-25　装配丝杆

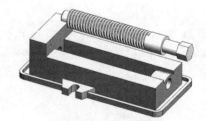

图6-26　装配效果

（8）单击"配合"按钮，再选择丝杆的圆柱面和固定钳身的圆柱面。

（9）在"配合选择"属性管理器中，将"配合类型"设为"同轴心"，"配合对齐"设为"同向对齐"。

（10）单击"确定"按钮，丝杆与固定钳身圆孔的轴线同向对齐，如图6-27所示。

（11）单击"配合"按钮，再选择丝杆六棱柱的侧面A和固定钳身的平面B。

（12）在"配合选择"属性管理器中，将"配合类型"设为"平行"。

（13）单击"确定"按钮，丝杆与固定钳身圆孔的轴线同向对齐，如图6-28所示。

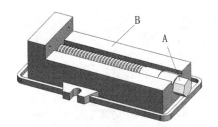 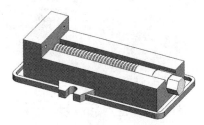

图6-27　丝杆与固定钳身圆孔的轴线同向对齐　　　图6-28　侧面A和平面B互相平行

8．装配板手和手柄

按照上面的方法，装配板手和手柄如图6-29所示。

9．显示所有零件

装配效果如图6-30所示。

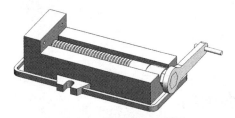 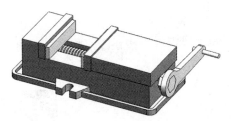

图6-29　装配板手和手柄　　　　　　　　图6-30　台钳装配效果

10．调整工件

按照前面所述的方法，装配工件，此时活动钳身与工件之间有一段距离，如图6-31所示，按如下步骤进行调整。

（1）在模型树中选择"活动钳身"，右击，在弹出的快捷菜单中单击"查看配合"按钮，如图6-32所示。

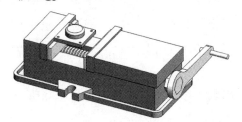 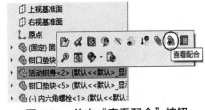

图6-31　活动钳身与工件之间有一段距离　　　图6-32　单击"查看配合"按钮

（2）在弹出的"活动钳身"窗口中选择"距离2"，右击，在弹出的快捷菜单中单击"编辑特征"按钮，如图6-33所示。

（3）在活动窗口中将"距离"改为100mm，如图6-34所示。

（4）单击"确定"按钮，活动钳身与工件接触，如图6-35所示。

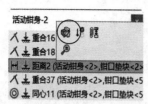

图6-33　单击"编辑特征"按钮

图6-34　将"距离"改为100mm

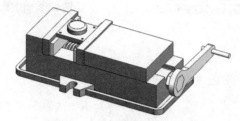

图6-35　活动钳身与工件接触

11. 保存

单击"保存"按钮🖫，将文件名称设为"台钳装配图"。

6.2 爆炸装配图

1. 创建爆炸图

（1）在模型树中切换至"配置"栏，如图6-36所示。

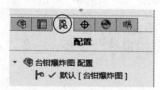

图6-36　切换至"配置"栏

（2）在"配置"属性管理器中选择"默认[台钳爆炸图]"，右击，在弹出的快捷菜单中选择"新爆炸视图"命令，如图6-37所示。

（3）选择"活动钳身"零件，在该零件上出现"移动操作杆"，如图6-38所示。

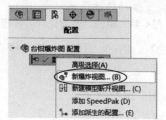

图6-37　选择"新爆炸视图"命令

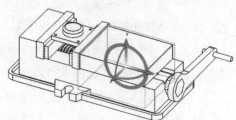

图6-38　在该零件上出现"移动操作杆"

（4）先在"移动操作杆"上按住Y轴移动，沿Y轴拖动该零件，如图6-39所示。

（5）在模型树中展开"爆炸视图1"，可以看出在"爆炸视图1"下面生成"爆炸步骤1"，如图6-40所示。

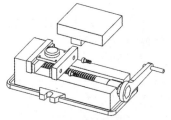

图6-39　沿Y轴拖动该零件

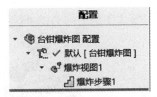

图6-40　在"爆炸视图1"下面生成"爆炸步骤1"

（6）在模型树中选择"爆炸视图1"，右击，在弹出的快捷菜单中选择"编辑特征"命令，如图6-41所示。

（7）选择"凸模"零件，将其拖到合适的位置，如图6-42所示。

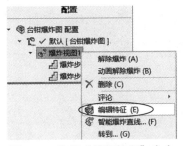

图6-41　选择"编辑特征"命令

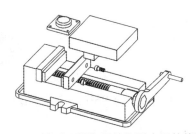

图6-42　将"凸模"零件拖到合适的位置

（8）采用相同的方法，移动台钳的其他零件，如图6-43所示。

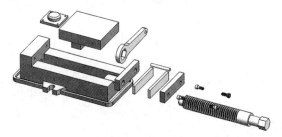

图6-43　移动台钳的其他零件

2．创建爆炸动画

（1）在模型树中选择"爆炸视图1"，右击，在弹出的快捷菜单中选择"动画解除爆炸"命令，弹出"动画控制器"操作板，如图6-44所示。

（2）单击"播放"按钮▶，可以看到爆炸复原的动画过程。

（3）台钳复原后，再次在模型树中选择"爆炸视图1"，右击，在弹出的快捷菜单中选择"动画爆炸"命令，弹出"动画控制器"操作板，如图6-44所示。

（4）单击"播放"按钮▶，可以看到爆炸的动画过程。

图6-44　"动画控制器"操作板

（5）为了在爆炸图上表达零部件的爆炸方向，可以在图6-41中选择"智能爆炸直线"命令，爆炸图的各零件之间用虚线相连，如图6-45所示。

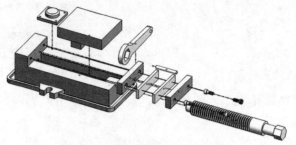

图6-45　各零件之间用虚线相连

6.3　小结

本章主要讲述了SolidWorks 2021装配设计以及爆炸图动画。

6.4　作业

（1）先绘制曲柄摇杆的零件，如图6-46～图6-50所示，再进行装配，如图6-51所示。

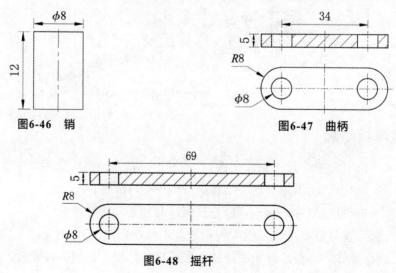

图6-46　销　　　　　　　　　　　　　　图6-47　曲柄

图6-48　摇杆

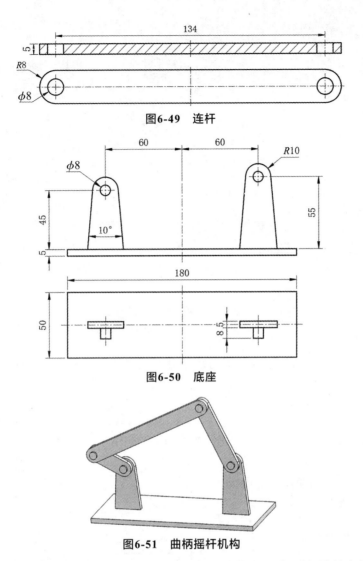

图6-49　连杆

图6-50　底座

图6-51　曲柄摇杆机构

（2）装配活塞式星型发动机，如图6-52所示，其中各零件图由教材中的素材提供。

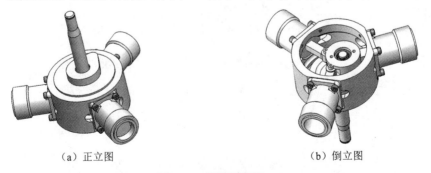

（a）正立图　　　　　　　　　　　　　　　　（b）倒立图

图6-52　星型发动机

　　星型发动机是一种气缸环绕曲轴呈现星形排列的活塞式发动机，也是一种由热能转换为动能的动力装置。工作过程：汽油与空气在活塞缸内混合燃烧，热力膨胀，推动活塞运动，活塞做直线运动，通过连杆带动轮轴转动，从而实现圆周运动。

第7章

工程图设计

本章着重讲述一般零件、齿轮类零件、轴类零件和装配体工程图设计的一般过程，并讲解齿轮类零件和轴类零件工程图的简易画法。

7.1 一般零件的工程图设计

下面以2.3节创建的支撑架零件图为例，讲述一般零件工程图设计的过程。

7.1.1 新建工程图

（1）单击"新建"按钮，弹出"新建SolidWorks文件"对话框，单击"工程图"按钮，再单击"确定"按钮，进入工程图界面，此时工程图界面在屏幕的一侧，在该界面上单击"放大"按钮，如图7-1所示。

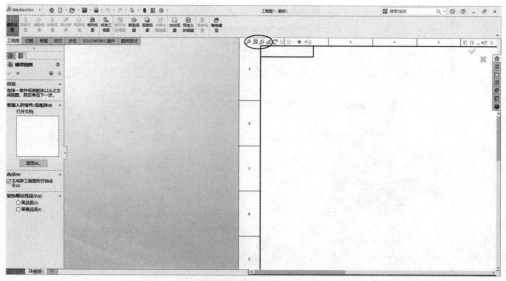

图7-1　在工程图界面上单击"放大"按钮

（2）放大后的工程图界面调整至屏幕的中间位置，如图7-2所示。

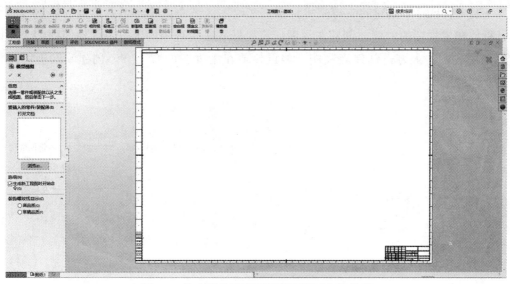

图7-2　放大后的工程图界面调整至中间位置

（3）系统默认的绘图比例为"2∶1"，如需要更改绘图比例，则在屏幕的右下角单击"2∶1"所对应显示框的三角形按钮▲，在弹出的快捷菜单中选择"图纸属性"命令，如图7-3所示。

（4）在"图纸属性"对话框中将"比例"设为"1∶1"，在"图纸格式/大小"栏中选择"标准图纸大小"单选按钮，再选择"只显示标准格式"复选框，选择"A4（GB）"，在"投影类型"栏中选择"第一视角"单选按钮，如图7-4所示。

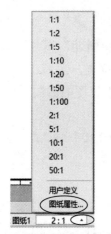

图7-3　选择"图纸属性"命令　　　　　图7-4　设置"图纸属性"对话框参数

（5）单击"应用更改"按钮，将图框大小设定为A4图框，工程图比例为1∶1。

7.1.2　创建基本视图

（1）在屏幕的左上角单击"模型视图"按钮，在弹出的"模型视图"属性管理器中单击"浏览"按钮，如图7-5所示。

（2）打开2.3节创建的支撑架零件图，在绘图区域中选择合适的位置创建主视图，将鼠标放在主视图的右侧，创建左视图；将鼠标放在主视图的下方，创建俯视图，将鼠标放在主视图的上方，创建底视图，将鼠标放在主视图的右上方，创建辅助视图，如图7-6所示。

图7-5 单击"浏览"按钮

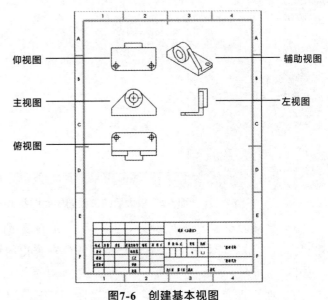

图7-6 创建基本视图

7.1.3 创建剖视图

（1）沿竖直方向创建剖视图A-A

在命令按钮栏中单击"剖面视图"按钮**⤵**，弹出"剖面视图辅助"属性管理器，在"切割线"栏中选择"竖直"选项**⬚**，在主视图上选择圆心位置，然后在"剖面视图"属性管理器中单击"确定"按钮**✔**，最后将剖面视图放在主视图的右侧，如图7-7所示。

提示：如果所创建的剖视图方向与图7-7所示的方向相反，请双击剖视图，然后在"剖面视图"属性管理器中单击"反向"按钮，即调整视图的方向。

（2）沿水平方向创建剖视图B-B

在命令按钮栏中单击"剖面视图"按钮**⤵**，弹出"剖面视图辅助"属性管理器，在"切割线"栏中选择"水平"选项**⬚**，在俯视图上选择圆心位置，然后在"剖面视图"属性管理器中单击"确定"按钮**✔**，最后将剖面视图放在俯视图的下方，如图7-7所示。

7.1.4 创建放大视图

（1）在命令按钮栏中单击"局部视图"按钮**⬭**，在B-B剖视图的圆孔附近绘制一个圆，如图7-8所示。

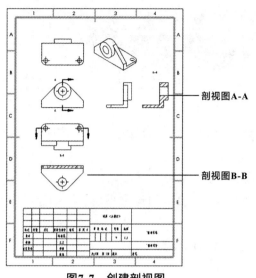

图7-7　创建剖视图

剖视图A-A

剖视图B-B

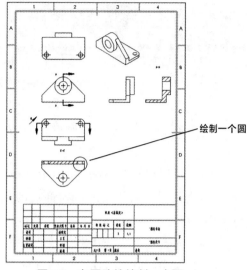

图7-8　在圆孔处绘制一个圆

绘制一个圆

（2）在"局部视图1"属性管理器中，选择"使用自定义比例"单选按钮，将"比例"设为2∶1，如图7-9所示。

（3）选择合适的位置创建放大视图，如图7-10所示。

图7-9　将"比例"设为2∶1

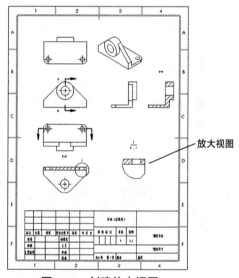

图7-10　创建放大视图

放大视图

7.1.5　创建中心线

在上一步所创建的剖视图中没有中心线，需要为某些位置添加中心线，方法如下。

（1）在标签栏中单击"注解"标签，再在命令按钮栏中单击"中心线"按钮，如图7-11所示。

图7-11　单击"中心线"按钮

（2）在剖视图上选择圆孔的两条边线1和边线2，即可创建中心线，如图7-12所示。

（3）采用相同的方法，在B-B剖视图的小孔上添加中心线。

（4）采用相同的方法，在仰视图上选择边线1和边线2，创建中心线，所创建的中心线较短，如图7-13所示。

（5）先选择中心线，再将中心线的两端拖长至合适的位置，如图7-14所示。

（6）采用相同的方法，创建其他视图的中心线。

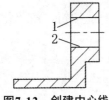　　　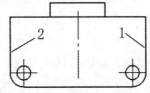　　　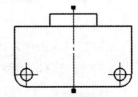

图7-12　创建中心线　　　图7-13　在仰视图上创建中心线　　　图7-14　将中心线的两端拖长

7.1.6　标注尺寸

（1）在命令按钮栏中单击"智能尺寸"按钮，在工程视图上标注尺寸，如图7-15所示。

（2）在"φ10"前添加前缀，变为"2-φ5"，操作步骤如下。

① 双击"φ5"，在屏幕左边弹出"尺寸"属性管理器，在"标注尺寸文字"栏中<MOD-DIAM><DIM>的前面添加"2-"，如图7-16所示。

② 单击"确定"按钮，"φ5"变为"2-φ5"，如图7-17所示。

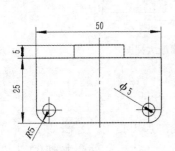　　　　　　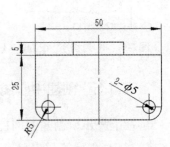

图7-15　标注尺寸　　　图7-16　<MOD-DIAM><DIM>的　　　图7-17　"φ5"变为"2-φ5"
　　　　　　　　　　　　　　前面添加"2-"

7.1.7　修改标注文字的字体和大小

（1）在工具按钮栏中单击 ⚙ →"选项"。

（2）在弹出的窗口中选择"文档属性"选项，然后选择"尺寸"选项，再单击"字体"按钮，如图7-18所示。

图7-18　选择"尺寸"选项，再单击"字体"按钮

（3）在"选择字体"对话框中，将字体设为"宋体"，"字体样式"设为"常规"，在"高度"栏中选择"单位"单选按钮，将"高度"设为5mm，如图7-19所示。

（4）单击"确定"按钮 ✓ ，标注尺寸的字体和大小自动进行调整，如图7-20所示。

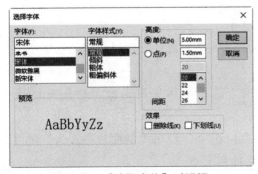

图7-19　"选择字体"对话框

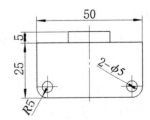

图7-20　调整后的标注尺寸的字体和大小

（5）将标注为"5"的箭头放在尺寸界线以外，步骤如下。

① 双击"5"，在工作区左侧弹出"尺寸"属性管理器，先单击"引线"标签，再

在"尺寸界线/引线显示"栏中单击"外面"按钮，如图7-21所示。

② 单击"确定"按钮，标注的箭头移到尺寸界限以外，如图7-22所示。

③ 采用相同的方法，将"R5"和"φ5"的箭头放在尺寸界线以外，如图7-22所示。

图7-21 单击"外面"按钮

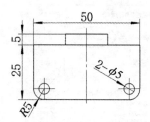

图7-22 箭头移到尺寸界限以外

（6）修改R5的标注线，步骤如下。

① 双击"R5"，在工作区左侧弹出"尺寸"属性管理器，先选择"引线"标签，再在"尺寸界线/引线显示"栏中单击"空引线"按钮，如图7-23所示。

② 单击"确定"按钮，清除"R5"在圆弧内部的标注线，如图7-24所示。

③ 采用相同的方法，清除"φ5"在圆弧内部的标注线，如图7-24所示。

图7-23 单击"空引线"按钮

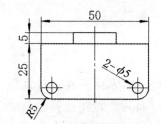

图7-24 清除圆弧内部的标注线

7.1.8 修改剖视图符号

（1）单击剖视图符号"A"，弹出"剖面视图A-A"属性管理器，取消选中"文档字体"复选框，如图7-25所示。

（2）单击"字体"按钮 字体(F)... ，弹出"选择字体"对话框，按图7-19进行设置。

（3）单击"确定"按钮，再单击"确定"按钮，退出"剖面视图A-A"属性管理器，然后选择"A"，即可调整"A-A"的字体和大小。

（4）采用相同的方法，调整"B-B"的字体和大小，如图7-26所示。

（5）采用相同的方法，调整放大视图标识的字体和大小，如图7-26所示。

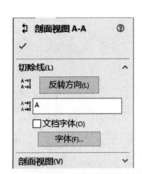

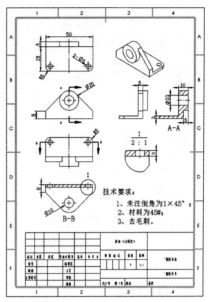

图7-25　取消选中"文档字体"复选框　　　　图7-26　添加"技术要求"

7.1.9　添加技术要求

单击"注释"按钮 **A**，在图框中添加技术要求，如图7-26所示。

7.1.10　修改标题栏

（1）在标签栏中单击"图纸格式"标签，再在命令按钮栏中单击"编辑图纸格式"按钮，如图7-27所示。

图7-27　单击"编辑图纸格式"按钮

（2）修改标题栏中的文本，如图7-28所示。

标记	处数	分区	更改文件号	签名	年 月 日	45#			
设计	张 三		2022-10-1	标准化	赵 六	2022-10-1	阶段标记	重量	比例	支撑架
校核	李 四		2022-10-1	工艺	刘 七	2022-10-1				
主管设计	王 五		2022-10-1	审核	夏 八	2022-10-1				ABCD-1
				批准	宋 九	2022-10-1	共1张 第1张	版本	替代	

图7-28　修改标题栏中的文本

（3）单击"确定"按钮 ✔，再单击"编辑图纸格式"按钮，即可退出编辑模式。

7.2 齿轮类零件的工程图设计

对于标准件，一般是用示意法绘制工程图，下面以5.7节创建的渐开线直齿轮零件为例，讲述用示意法绘制工程图的过程。

7.2.1 新建工程图

（1）单击"新建"按钮，弹出"新建SolidWorks文件"对话框，单击"工程图"按钮，再单击"确定"按钮，进入工程图界面。

（2）在工作区右下角单击"2：1"所对应显示框的三角形按钮▲，在弹出的快捷菜单中选择"图纸属性"，在"图纸属性"对话框中将"比例"设为"1：1"，在"图纸格式/大小"栏中选择"标准图纸大小"单选按钮，再选择"只显示标准格式"复选框，选择"A3（GB）"，在"投影类型"栏中选择"第一视角"单选按钮，如图7-29所示。

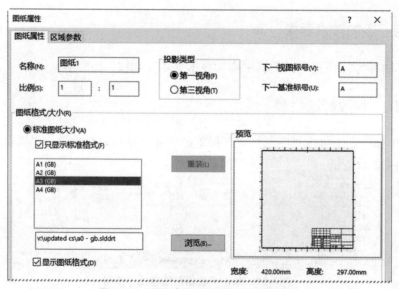

图7-29 设置"图纸属性"对话框参数

（3）单击"应用更改"按钮，将图框大小设定为A3图框，工程图比例为1：1。

7.2.2 创建基本视图

（1）在命令按钮栏中单击"模型视图"按钮，在弹出的"模型视图"属性管理器中单击"浏览"按钮 。

（2）打开5.7节创建的渐开线直齿轮零件图，弹出"模型视图"属性管理器，在"比例"栏中选择"使用自定义比例"单选按钮，将比例设为"1：2"，如图7-30所示。

（3）在绘图区域中选择合适的位置创建主视图，如图7-31所示。

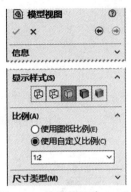

图7-30 将比例设为1：2

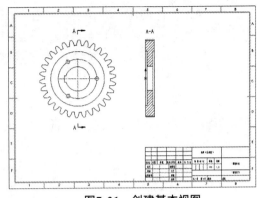

图7-31 创建基本视图

（4）在屏幕上方单击"剖面视图"按钮✿，弹出"剖面视图辅助"属性管理器，在"切割线"栏中选择"竖直"选项▯，在主视图上选择圆心位置，然后在"剖面视图"属性管理器中单击"确定"按钮✓，最后将剖面视图放在主视图的右侧，如图7-31所示。

7.2.3 设定图层

（1）在屏幕顶端工具栏的任意空白处右击，在弹出的快捷菜单中选择"工具栏"命令，如图7-32所示。

图7-32 选择"工具栏"命令

（2）在弹出的下拉菜单中选择"线型"命令，如图7-33所示。

图7-33 选择"线型"命令

（3）在工作区的左下角出现"线型"工具栏，上面有7个按钮，如图7-34所示。

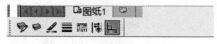

图7-34　"线型"工具栏

（4）在"线型"工具栏中单击"图层属性"按钮🗐，在"图层"对话框中单击"粗实线层"前面的空白处，"粗实线层"前面将会出现一个向右的箭头符号→，如图7-35所示。

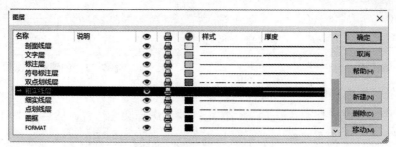

图7-35　选择"粗实线层"

（5）单击"确定"按钮，将"粗实线层"设为当前图层。

7.2.4　用示意图绘制工程图

（1）在命令按钮栏中单击"剪裁视图"按钮🗐，如图7-36所示。

图7-36　单击"剪裁视图"按钮

（2）在标签栏中单击"草图"标签，再在命令按钮栏中单击"圆"按钮⊙，以齿轮的中心为圆心，绘制一个圆（φ200mm），如图7-37所示。

（3）如果所绘制的圆弧不是实线，在"线型"工具栏中单击"线条样式"按钮▦，在弹出的快捷菜单中选择"实线"，如图7-38所示。

（4）如果所绘制的圆弧是细线，在"线型"工具栏中单击"线宽"按钮≣，在弹出的快捷菜单中将线宽设为0.25mm，如图7-39所示。

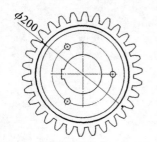

图7-37　绘制一个圆（φ200mm）

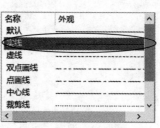

图7-38　选择实线

图7-39　设定线宽

（5）单击"确定"按钮 ✔，再单击"工程图"标签，然后单击"剪裁视图"按钮 🖿，可以将圆以外的线条全部剪去，只保留圆内的图素，如图7-40所示。

提示：选择尺寸标注，右击，选择"隐藏"命令，可以将尺寸标注隐藏。

（6）用粗实线绘制齿顶圆，步骤如下：在标签栏中单击"草图"标签，再在命令按钮栏中单击"圆"按钮 ⊙，以齿轮的中心为圆心，绘制一个圆（ϕ256mm），在"线型"工具栏中单击"线条样式"按钮 ▦，在弹出的快捷菜单中选择"实线"，在"线型"工具栏中单击"线宽"按钮 ☰，在弹出的快捷菜单中将线宽设为0.25mm，所绘制的圆如图7-41所示。

（7）用细点画线绘制分度圆，步骤如下：在标签栏中单击"草图"标签，再在命令按钮栏中单击"圆"按钮 ⊙，以齿轮的中心为圆心，绘制一个圆（ϕ240mm），在"线型"工具栏中单击"线条样式"按钮 ▦，在弹出的快捷菜单中选择"点画线"，在"线型"工具栏中单击"线宽"按钮 ☰，在弹出的快捷菜单中将线宽设为0.18mm，所绘制的圆如图7-42所示。

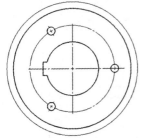

图7-40 只保留圆内的图素

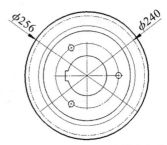

图7-41 用粗实线绘制齿顶圆   **图7-42** 用细点画线绘制分度圆

（8）双击示意图的中心线，拖动中心线的控制点，将中心线适当拖长一些，如图7-43所示。

（9）在命令按钮栏中单击"智能尺寸"按钮 ✎，在工程图上标注其他关键尺寸，如图7-44所示。

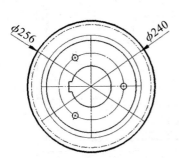

图7-43 中心线适当拖长

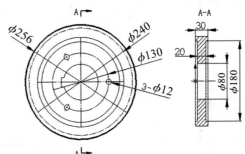

图7-44 在工程图上标注其他尺寸

7.2.5 添加注解栏

（1）在标签栏中单击"注解"标签，再在命令按钮栏中单击"表格"按钮 ▦，在弹出的快捷菜单中选择"总表"，如图7-45所示。

（2）在弹出的"总表"属性管理器中将表格大小设置设为2列3行，表格外侧边框线线宽为0.35mm，内部框线线宽为0.18mm，如图7-46所示。

（3）单击"确定"按钮 ✓，创建表格，并在表格中添加齿轮参数，如图7-47所示。

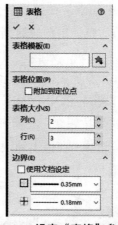

模数	8mm
齿数	30
压力角	20°

图7-45　选择"总表"　　　　图7-46　设定"表格"参数　　　　图7-47　添加齿轮参数

（4）最后添加标题栏，至此，所绘制的齿轮零件图全部完成，如图7-48所示。

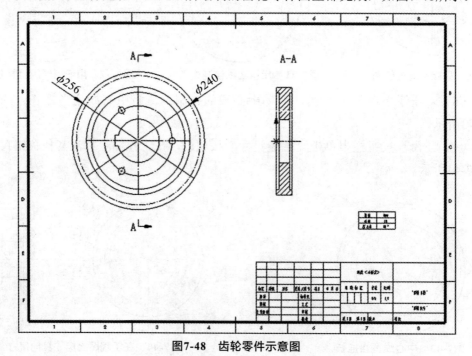

图7-48　齿轮零件示意图

7.3 轴类零件的工程图设计

对于工程图上的螺纹，一般是用示意法表示，以2.18节创建的传动轴零件为例，讲述轴类零件工程图设计的过程。

7.3.1　新建工程图

（1）单击"新建"按钮 ，弹出"新建SolidWorks文件"对话框，单击"工程图"按钮 ，再单击"确定"按钮，进入工程图界面。

（2）在工作区的右下角单击"2：1"所对应显示框的三角形按钮▲，在弹出的快捷菜单中选择"图纸属性"，在"图纸属性"对话框中将"比例"设为1：1，在"图纸格式/大小"栏中选择"标准图纸大小"单选按钮，取消选中"只显示标准格式"复选框，选择"A4（ANSI）横向"，在"投影类型"栏中选择"第一视角"单选按钮，如图7-49所示。

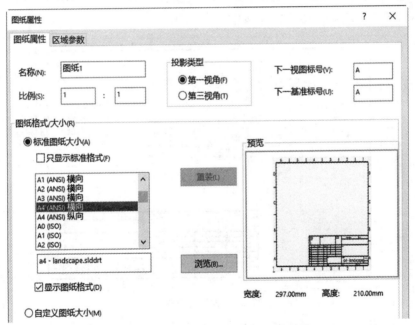

图7-49　选择"A4（ANSI）横向"图框

（3）单击"应用更改"按钮，将图框设定为"A4（ANSI）横向"图框，工程图比例为1：1。

7.3.2　创建基本视图

（1）在命令按钮栏中单击"模型视图"按钮 ，在弹出的"模型视图"属性管理器中单击"浏览"按钮 浏览(B)... 。

（2）打开2.18节创建的传动轴零件图，弹出"模型视图"属性管理器，在"方向"栏中单击"上视"按钮，如图7-50所示，在"比例"栏中选择"使用自定义比例"单选按钮，将比例设为1∶2，如图7-51所示。

图7-50　单击"上视"按钮

图7-51　将比例设为1∶2

（3）在绘图区域中选择合适的位置创建主视图，其中螺纹用简易法表示，并创建A-A、B-B、C-C、D-D四个剖视图，如图7-52所示。

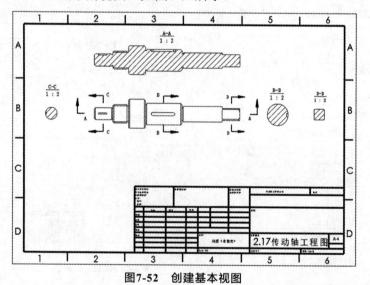

图7-52　创建基本视图

（4）工程图上显示了坐标系，如果需要隐藏坐标系，可单击 **⅏ SOLIDWORKS** ▶旁边的▶符号，在菜单栏中选择"视图"→"隐藏/显示"→"隐藏所有类型"命令，可隐藏坐标系，保持工程图整洁。

7.3.3　创建中心线

（1）在标签栏中单击"注解"标签，再在命令按钮栏中单击"中心线"按钮 ，在主视图上选择圆柱C。

（2）单击"确定"按钮 ✔，创建圆柱C的中心线，如图7-53所示。

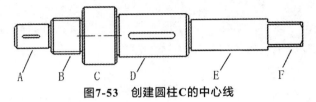

图7-53　创建圆柱C的中心线

（3）单击中心线，并按住中心线的端点，将中心线拉长，效果如图7-54所示。

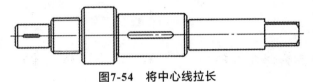

图7-54　将中心线拉长

（4）采用相同的方法，创建A-A剖视图的中心线，如图7-55所示。

（5）单击"中心符号线"按钮 ⊕，选择剖面B-B的圆弧轮廓，在B-B剖面上添加中心线，如图7-56所示。

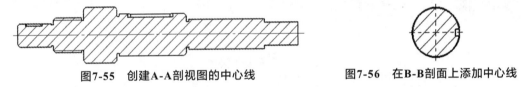

图7-55　创建A-A剖视图的中心线　　　　**图7-56　在B-B剖面上添加中心线**

（6）采用相同的方法，为剖面C-C、剖面D-D添加中心线。

7.3.4　标注尺寸

在标签栏中单击"注解"标签，再在命令按钮栏中单击"智能尺寸"按钮 ✎，在工程图上标注尺寸，如图7-57所示。

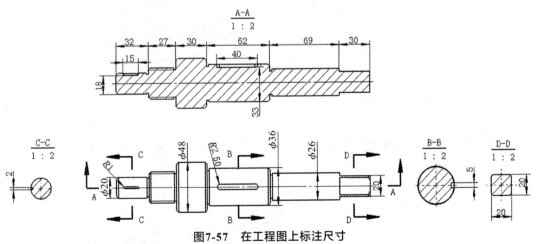

图7-57　在工程图上标注尺寸

7.3.5　标注螺纹符号

在标签栏中单击"注解"标签，再在命令按钮栏中单击"注释"按钮 **A**，先选择螺纹的边线，再在文本框中输入"M30"，创建螺纹符号，如图7-58所示。

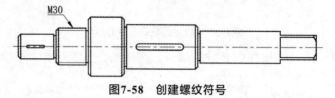

图7-58　创建螺纹符号

7.3.6　添加基准特征符号

在标签栏中单击"注解"标签，再在命令按钮栏中单击"基准特征"符号 **A**，在主视图上标识基准特征，如图7-59所示。

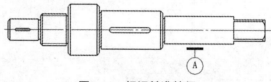

图7-59　标识基准特征

7.3.7　添加行位公差

在标签栏中单击"注解"标签，再在命令按钮栏中单击"行位公差"符号 **◻◫**，在视图上标识行位公差，如图7-60所示。

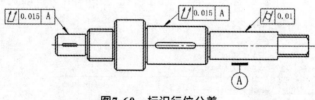

图7-60　标识行位公差

7.3.8　添加表面粗糙度

在标签栏中单击"注解"标签，再在命令按钮栏中单击"表面粗糙度"符号 **√**，在视图上标识表面粗糙度，如图7-61所示。

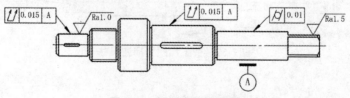

图7-61　标识表面粗糙度

7.3.9　添加尺寸公差带代号

（1）对工程图进行标注尺寸，如图7-62所示。

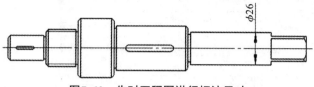

图7-62　先对工程图进行标注尺寸

（2）单击该尺寸，弹出"尺寸"属性管理器，在"标注尺寸文字"选项栏中输入尺寸公差带符号"f7"，如图7-63所示。

（3）单击"确定"按钮 ✔，在尺寸标注上添加尺寸公差带，如图7-64所示。

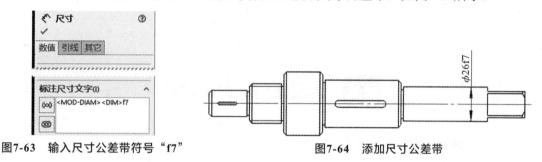

图7-63　输入尺寸公差带符号"f7"　　　　**图7-64　添加尺寸公差带**

7.3.10　添加尺寸公差值

（1）对工程图进行标注尺寸，如图7-65所示。

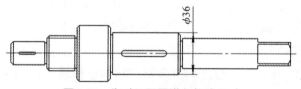

图7-65　先对工程图进行标注尺寸

（2）单击需要添加尺寸公差值的尺寸，弹出"尺寸"属性管理器，在"公差/精度"选项栏中选择"双边"，将上公差设为0.12mm，将下公差设为0.08mm，如图7-66所示。

（3）单击"确定"按钮 ✔，在尺寸标注上添加公差值，如图7-67所示。

图7-66　设定上、下公差值

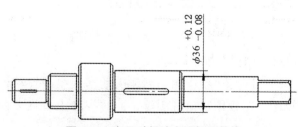

图7-67　在尺寸标注上添加公差值

（4）所创建的轴类零件工程图如图7-68所示。

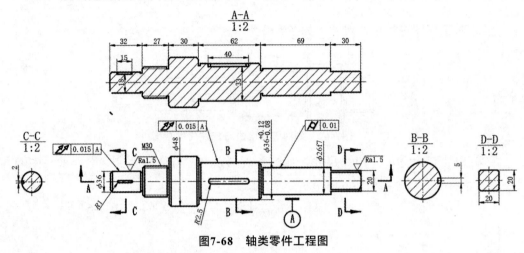

图7-68 轴类零件工程图

7.4 装配体的工程图设计

在装配体的工程图中，应包含装配体的三视图、剖视图、主要零件的装配尺寸，在其中一个视图上添加零件序号，在图框中做出明细表，插入文字（如技术要求等），并对标题栏进行修改等。

7.4.1 新建工程图

（1）单击"新建"按钮📄，弹出"新建SolidWorks文件"对话框，单击"工程图"按钮📐，再单击"确定"按钮，进入工程图界面。

（2）在工作区的右下角单击"2：1"所对应显示框的三角形按钮▲，在弹出的快捷菜单中选择"图纸属性"，在"图纸属性"对话框中将"比例"设为1：2，在"图纸格式/大小"栏中选择"标准图纸大小"单选按钮，取消选中"只显示标准格式"复选框，选择"A3（ANSI）横向"，在"投影类型"栏中选择"第一视角"单选按钮。

（3）单击"应用更改"按钮，将图框大小设定为A3横向图框，工程图比例为1：2。

7.4.2 创建装配体基本视图

（1）在命令按钮栏中单击"模型视图"按钮🖼️，在弹出的"模型视图"属性管理器中单击"浏览"按钮 浏览(B)... 。

（2）打开第6章作业中创建的活塞式星型发动机装配图，在图框中的适当位置创建主视图、左视图、俯视图等，此时视图上有许多箭头、坐标系等，视图不整洁，如图7-69所示。

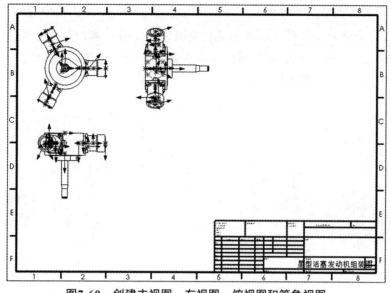

图7-69　创建主视图、左视图、俯视图和等角视图

（3）单击 *3S* SOLIDWORKS ▶旁边的▶符号，在菜单栏中选择"视图"→"隐藏/显示"→"隐藏所有类型"命令，视图上的所有箭头、坐标系等全部隐藏，此时视图比较整洁。

7.4.3　创建装配体的剖视图

1．创建第一个剖视图

（1）在命令按钮栏中单击"剖面视图"按钮 ⇄ ，弹出"剖面视图辅助"属性管理器，在"切割线"栏中选择"竖直"选项 ⬚ ，在左视图上选择活塞套的圆心位置，如图7-70中指示线所指的零件。

（2）单击"确定"按钮 ✔ ，弹出"剖面视图"对话框，在左视图上选择不需要剖切的零件，如图7-70所示。

（3）在"剖面视图"对话框中单击"确定"按钮，创建剖面视图，其中上一步所选的两个零件没有剖切，如图7-71所示。

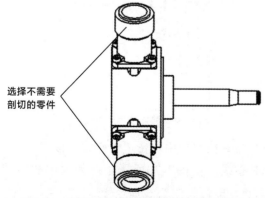

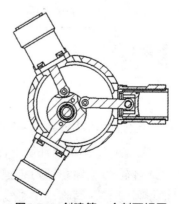

图7-70　在左视图上选择不需要剖切的零件　　　图7-71　创建第一个剖面视图

（4）在标签栏中单击"注解"标签，再在命令按钮栏中单击"中心线"按钮。

（5）选择3个活塞缸零件，即可创建活塞缸的中心线，如图7-72所示。

（6）在标签栏中单击"注解"标签，再在命令按钮栏中单击"智能尺寸"按钮，在工程图上标注尺寸，如图7-73所示。

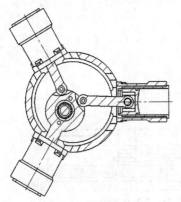
图7-72　创建中心线

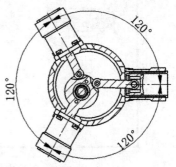
图7-73　标注尺寸

2. 创建第二个剖视图

（1）在命令按钮栏中单击"剖面视图"按钮，弹出"剖面视图辅助"属性管理器，在"切割线"栏中选择"水平"选项，在左视图上选择轮轴的中心位置，如图7-74中指示线所指的零件。

（2）单击"确定"按钮，弹出"剖面视图"对话框，在左视图上选择不需要剖切的零件，如图7-74所示。

（3）在"剖面视图"对话框中单击"确定"按钮，创建剖面视图，其中上一步所选的零件没有剖切，如图7-75所示。

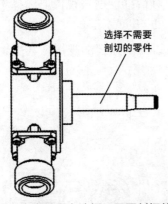
选择不需要剖切的零件
图7-74　在左视图上选择不需要剖切的零件

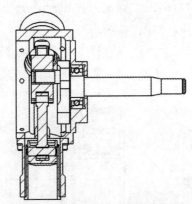
图7-75　创建第二个剖面视图

（4）在标签栏中单击"注解"标签，再在命令按钮栏中单击"中心线"按钮。

（5）选择轮轴零件，即可创建轮轴的中心线，如图7-76所示。（如果中心线较短，可先选择中心线，再拖动中心线的两个端点，即可将中心线拖至合适的长度。）

（6）在标签栏中单击"注解"标签，再在命令按钮栏中单击"智能尺寸"按钮，在工程图上标注尺寸，如图7-77所示。

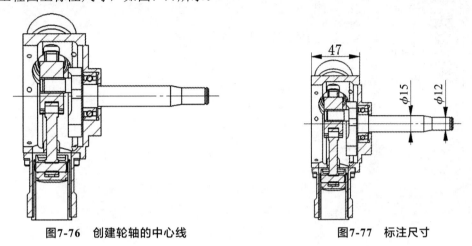

图7-76　创建轮轴的中心线　　　　　　　　　　图7-77　标注尺寸

7.4.4　插入零件序号

（1）在工程图图框中先选择第二个剖视图（也可以是第一个剖视图），再在菜单栏中选择"插入"→"注解"→"自动零件序号"命令，系统自动在所选择的剖视图上生成零件的序号，序号的字体较小，如图7-78所示。（一幅工程图中，只能在一个剖视图上生成零件的序号，不能重复。）

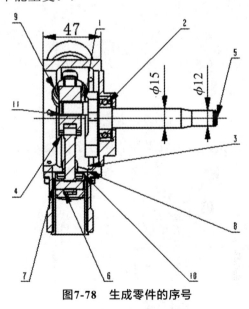

图7-78　生成零件的序号

（2）在工具按钮栏中单击 → "选项"，在弹出的窗口中选择"文档属性"选项，然后选择"注解"选项，再单击"字体"按钮，如图7-79所示。

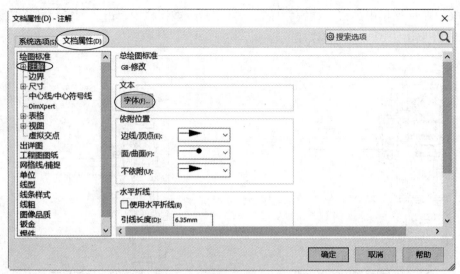

图7-79 单击"字体"按钮

（3）在弹出的"选择字体"对话框中，将"字体"设为"宋体"，"字体样式"设为"常规"，在"高度"栏中选择"单位"单选按钮，将高度设为6mm，如图7-80所示。

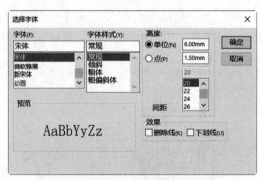

图7-80 设置字体

（4）单击"确定"按钮，所生成零件的序号字体改为宋体，字体高度为6mm，如图7-81所示。

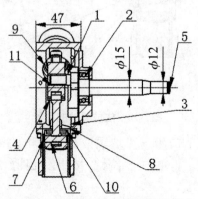

图7-81 更改零件序号的字体和大小

7.4.5　插入明细表

在菜单栏中选择"插入"→"表格"→"材料明细表"命令，选择已生成了零件序号的视图，再在弹出的"材料明细表"属性管理器中单击"确定"按钮 ✔，即可自动生成明细表，如图7-82所示。

项目号	零件号	说明	数量
1	壳体		1
2	Rolling bearings S7003 GB 292-94		1
3	GB_FASTENER_SCREWS_HSHCS M4×10-N		12
4	连杆座		1
5	轮轴		1
6	连杆		2
7	活塞轴		3
8	活塞缸		3
9	活塞套		3
10	活塞		3
11	带凸缘内圈轴承 JIS B 1536 SKF		1

图7-82　明细表

7.4.6　添加注释

（1）单击"注释"按钮 **A**，在图框中添加下列文字。

星型发动机是一种气缸环绕曲轴呈现星形排列的活塞式发动机，也是一种有热能转换成动能的动力装置。工作过程：汽油与空气在活塞缸内混合燃烧，热力膨胀，推动活塞运动，活塞做直线运动，通过连杆带动轮轴转动，从而实现圆周运动。

（2）将添加的文字放在工程图中的适当位置，如图7-83所示。

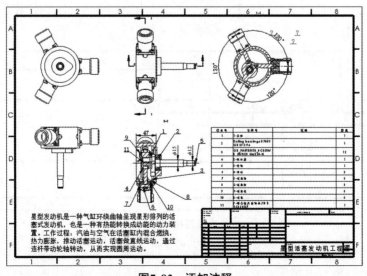

图7-83　添加注释

7.4.7　编辑标题栏

在工程图标题栏中"星型活塞发动机工程图"字样字体太大，已超出所在单元格的大小，需要调整，步骤如下。

（1）在图框内右击，在弹出的快捷菜单中选择"编辑图纸格式"命令，如图7-84所示。

图7-84　选择"编辑图纸格式"命令

（2）再双击标题栏中的"星型活塞发动机工程图"，在弹出的"格式化"栏中将"字体"设为"宋体"，"字体大小"设为18，如图7-85所示。

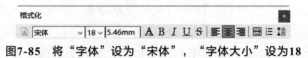

图7-85　将"字体"设为"宋体"，"字体大小"设为18

（3）单击"注释"属性管理器中的"确定"按钮 ✔，在工程图标题栏中的"星型活塞发动机工程图"字样字体缩小，如图7-86所示。

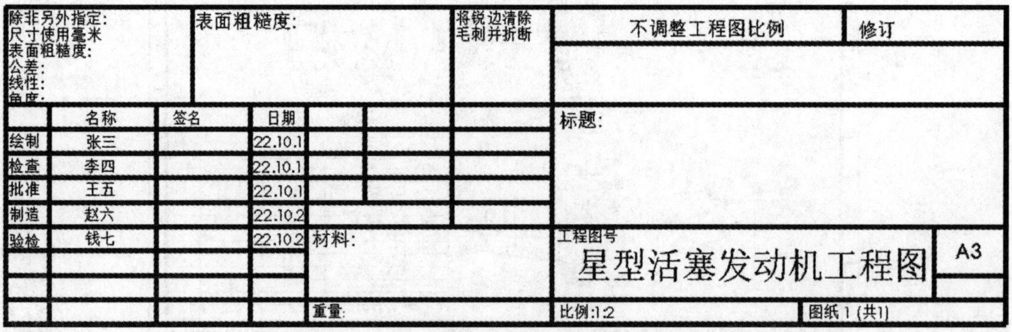

除非另外指定: 尺寸使用毫米 表面粗糙度: 公差: 线性: 角度:		表面粗糙度:			将锐边清除 毛刺并折断	不调整工程图比例		修订
	名称	签名	日期			标题:		
绘制	张三		22.10.1					
检查	李四		22.10.1					
批准	王五		22.10.1					
制造	赵六		22.10.2					
验检	钱七		22.10.2	材料:		工程图号 星型活塞发动机工程图		A3
			重量:			比例:1:2	图纸 1 (共1)	

图7-86　调整标题栏中文字的字体与大小

（4）采用相同的方法，修改其他单元格中的文字，如图7-86所示。

（5）单击屏幕右上角的"返回"按钮 ，如图7-87所示，即可返回工程图界面。

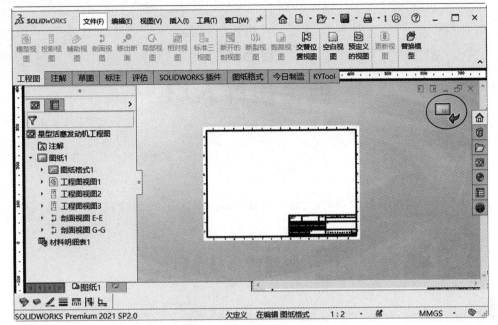

图7-87　单击"返回"按钮

7.5 小结

本章主要讲述了SolidWorks 2021工程图设计的基本命令，并讲述了一般图形、齿轮类图形、轴类图形以及装配体工程图设计的基本方法和步骤。

7.6 作业

创建如图2-1所示的工程图，并标注尺寸、修改标题栏。

第8章

钣金设计入门

本章以几个简单的钣金为例，介绍SolidWorks 2021钣金设计的一般过程。

8.1 创建钣金基本特征

本节通过绘制一个简单的钣金实例，讲述SolidWorks钣金基本命令，产品如图8-1所示。

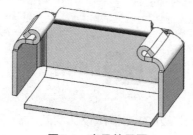

图8-1　产品效果图

8.1.1 创建基体法兰

　基体法兰是在SolidWorks中创建钣金实体时所创建的第一个钣金特征。

（1）单击"新建"按钮，弹出"新建SolidWorks文件"对话框，单击"零件"按钮，进入创建零件环境。

（2）在设计树中选择前视基准面作为绘图基准面，绘制两条直线和一条水平线，如图8-2所示。

（3）单击 ３Ｓ SOLIDWORKS 旁边的▶符号，在菜单栏中选择"插入"→"钣金"→"基体法兰"命令，如图8-3所示。

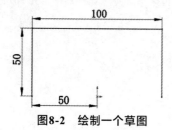

图8-2　绘制一个草图

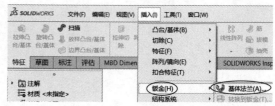

图8-3　选择"插入"→"钣金"→"基体法兰"命令

（4）在"基体法兰"属性管理器中，将"深度" 设为30mm，在"钣金参数"栏中将"厚度" 设为3mm，"折弯半径" 设为5mm，如图8-4所示。

提示： "K因子"指的是钣金材料在折弯时的中性层系数，不同材料、不同厚度的K因子不同。

（5）单击"确定"按钮 ✓ ，创建基体法兰，如图8-5所示。

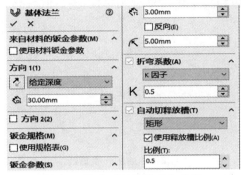

图8-4　设定"基体法兰"参数

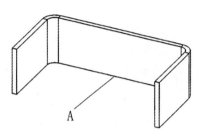

图8-5　创建基体法兰实体

8.1.2　创建边线法兰

边线法兰是在SolidWorks中创建钣金零件时，将法兰特征添加到一条或多条边线上，所选边线必须是直线。

（1）单击 ᗡꜱ **SOLIDWORKS** ▶ 旁边的▶符号，在菜单栏中选择"插入"→"钣金"→"边线法兰"命令，弹出"边线法兰"属性管理器。

（2）选择图8-5中A所指的边线，在"钣金参数"栏中将"角度" 设为90°，在"法兰长度"栏中将"长度" 设为50mm，单击"外部虚拟交点"按钮 ，在"法兰位置"栏中单击"折弯在外"按钮 ，如图8-6所示。

（3）单击"确定"按钮 ✓ ，创建边线法兰，如图8-7所示。

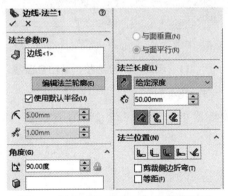

图8-6　设定"边线法兰"属性管理器

图8-7　创建边线法兰

8.1.3　创建斜接法兰

斜接法兰是在SolidWorks中创建钣金零件时，将法兰特征添加到一条或多条边线上，所选边线必须是直线，所创建的法兰彼此以斜角相接。

（1）选择如图8-8所示的端面A，在弹出的快捷按钮框中单击"正视于"按钮📐。再次选择端面A，在弹出的快捷按钮框中单击"绘制草图"按钮📐，以顶点B为起点，绘制一条直线，如图8-9所示。

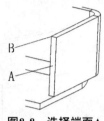

图8-8　选择端面A

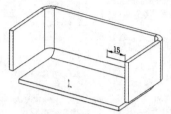

图8-9　绘制一条直线

（2）单击🔶SOLIDWORKS旁边的▶符号，在菜单栏中选择"插入"→"钣金"→"斜接法兰"命令，系统自动选择与所绘草图相连的边线作为斜接法兰特征的第一条边线，同时显示斜接法兰的预览图形。

（3）选择边线A、B、C、D，如图8-10所示。

（4）在"斜接法兰"属性管理器中，在"法兰位置"栏中单击"折弯在外"按钮📐，将"缝隙距离"设为1mm，"启始处等距"📐设为2.0mm，"结束处等距"📐设为2.0mm，如图8-11所示。

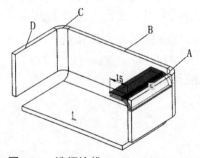

图8-10　选择边线A、B、C、D

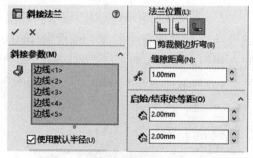

图8-11　设定"斜接法兰"属性管理器

（5）单击"确定"按钮✔，创建斜接法兰，如图8-12所示。

提示： 为了更好地理解"斜接法兰"属性管理器中的参数，请读者自行调整"缝隙距离""启始处等距""结束处等距"的值。

8.1.4　创建褶边特征

将褶边添加到钣金零件的边线上。

（1）单击🔶SOLIDWORKS旁边的▶符号，在菜单栏中选择"插入"→"钣金"→"褶边"命令。

（2）在图8-12中选择边线A、B、C三条边线。

（3）单击"确定"按钮 ✔ ，在所选边线上创建褶边，如图8-13所示。

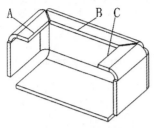

图8-12 创建斜接法兰

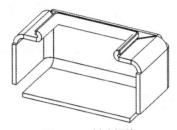

图8-13 创建褶边

提示：为了更好地理解"褶边"属性管理器中的参数，请读者自行调整各参数值的大小。

8.2 创建钣金支架

本节以一个简单的钣金为例，讲述在SolidWorks钣金上创建孔的方法，产品如图8-14所示。

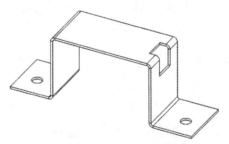

图8-14 钣金支架效果图

1. 创建基体

（1）单击"新建"按钮 ，弹出"新建SolidWorks文件"对话框，单击"零件"按钮 ，进入创建零件环境。

（2）在设计树中选择前视基准面作为绘图基准面，绘制一个草图，如图8-15所示。

（3）单击 ✅ SOLIDWORKS 旁边的▶符号，在菜单栏中选择"插入"→"钣金"→"基体法兰"命令。

（4）在"基体法兰"属性管理器中，将"深度" 设为25mm，在"钣金参数"栏中将"厚度" 设为2mm，"折弯半径" 设为2mm。

（5）单击"确定"按钮 ✔ ，创建基体法兰，如图8-16所示。

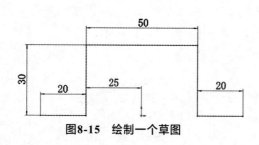

图8-15　绘制一个草图

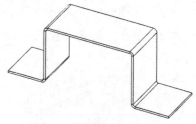

图8-16　创建基体法兰

2. 创建圆孔

（1）选择上视基准面，在弹出的快捷按钮框中单击"正视于"按钮 ，再次选择上视基准面，在弹出的快捷按钮框中单击"草图绘制"按钮 ，绘制两个圆，如图8-17所示。

（2）在标签栏中单击"特征"标签，再在命令按钮栏中单击"拉伸切除"按钮 ，在"拉伸-切除"属性管理器的"方向1（1）"栏中选择"完全贯穿"。

（3）单击"确定"按钮 ，在实体上切出两个圆孔，如图8-18所示。

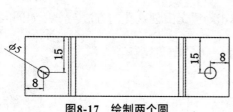

图8-17　绘制两个圆

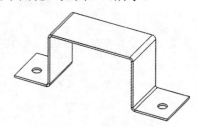

图8-18　创建两个孔

3. 创建方孔

（1）选择钣金的顶面，在弹出的快捷按钮框中单击"正视于"按钮 ，再次选择钣金的顶面，在弹出的快捷按钮框中单击"草图绘制"按钮 ，绘制一个矩形，如图8-19所示。

（2）在标签栏中单击"特征"标签，再在命令按钮栏中单击"拉伸切除"按钮 ，在"拉伸-切除"属性管理器的"方向1（1）"栏中将"方向1（1）"设为"给定深度"，在"深度" 栏中输入10mm。

（3）单击"确定"按钮 ，在实体上切出一个方孔，如图8-20所示。

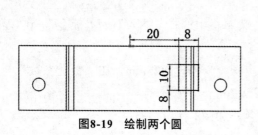

图8-19　绘制两个圆

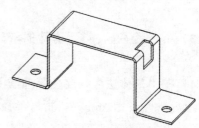

图8-20　创建一个方孔

8.3 创建铰链

本节通过绘制铰链钣金，讲述SolidWorks钣金的基本命令，产品如图8-21所示。

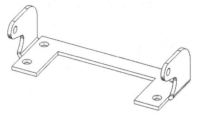

图8-21　铰链效果图

1. 创建基体

（1）单击"新建"按钮，弹出"新建SolidWorks文件"对话框，单击"零件"按钮，进入创建零件环境。

（2）选择上视基准面，在弹出的快捷按钮框中单击"正视于"按钮，再次选择上视基准面，在弹出的快捷按钮框中单击"草图绘制"按钮，绘制一个矩形，如图8-22所示。

（3）单击 ３S SOLIDWORKS 旁边的▶符号，在菜单栏中选择"插入"→"钣金"→"基体法兰"命令。

（4）在"基体法兰"属性管理器中，在"钣金参数"栏中将"厚度"设为2mm，"折弯半径"设为2mm。

（5）单击"确定"按钮，创建基体法兰，如图8-23所示。

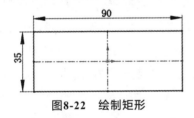

图8-22　绘制矩形

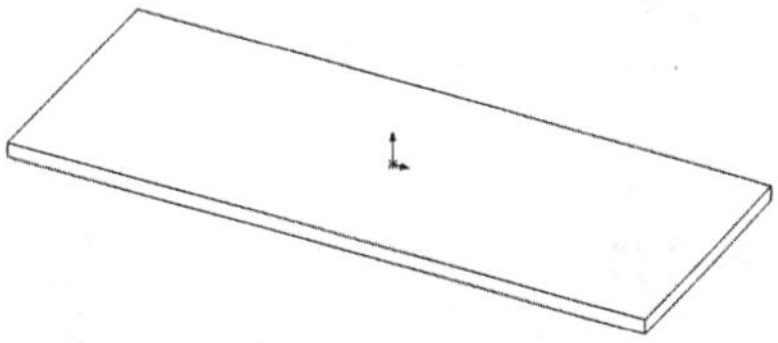

图8-23　创建基体法兰

（6）选择上视基准面，在弹出的快捷按钮框中单击"正视于"按钮，再次选择上视基准面，在弹出的快捷按钮框中单击"草图绘制"按钮，绘制一个矩形，如图8-24所示。

（7）在标签栏中单击"特征"标签，再在命令按钮栏中单击"拉伸切除"按钮，在"拉伸-切除"属性管理器的"方向1（1）"栏中选择"完全贯穿"。

（8）单击"确定"按钮，在实体上切出一个方槽，如图8-25所示。

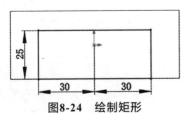

图8-24　绘制矩形

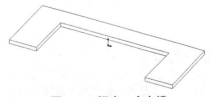

图8-25　切出一个方槽

2. 创建边线法兰

（1）单击 $\mathcal{DS}$ **SOLID**WORKS 旁边的▶符号，在菜单栏中选择"插入"→"钣金"→"边线法兰"命令，弹出"边线法兰"属性管理器。

（2）选择右端的边线，在"钣金参数"栏中将"角度" 设为90°，在"法兰长度"栏中将"长度" 设为25mm，单击"内部虚拟交点"按钮 ，在"法兰位置"栏中单击"折弯在外"按钮 ，如图8-26所示。

（3）单击"确定"按钮 ，创建边线法兰，如图8-27所示。

（4）采用相同的方法，创建左端的边线法兰，如图8-27所示。

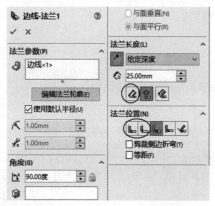

图8-26 设定"边线法兰"属性管理器

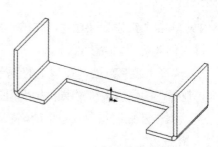

图8-27 创建边线法兰

3. 创建侧孔

（1）选择右视基准面，在弹出的快捷按钮框中单击"正视于"按钮 ，再次选择右视基准面，在弹出的快捷按钮框中单击"草图绘制"按钮 ，绘制一个圆，如图8-28所示。

（2）在标签栏中单击"特征"标签，再在命令按钮栏中单击"拉伸切除"按钮 ，在"拉伸-切除"属性管理器的"方向1（1）"栏中选择"完全贯穿-两者"。

（3）单击"确定"按钮 ，在实体上切出两个圆孔，如图8-29所示。

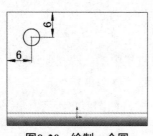

图8-28 绘制一个圆

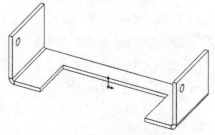

图8-29 切出两个圆孔

4. 展开钣金

（1）单击 $\mathcal{DS}$ **SOLID**WORKS 旁边的▶符号，在菜单栏中选择"插入"→"钣金"→"展

开"命令。

（2）在弹出"展开"属性管理器中单击"固定面"下面的显示框，再在钣金实体上选择平面A为固定面，然后单击"要展开的折弯"下面的显示框，再在钣金实体上选择两个圆弧面B为要展开的折弯，如图8-30所示。

（3）单击"确定"按钮 ✓，将钣金展开，如图8-31所示。

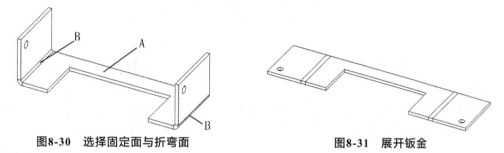

图8-30　选择固定面与折弯面　　　　　　　　　图8-31　展开钣金

5. 折叠折弯

（1）选择实体上表面，在弹出的快捷按钮框中单击"正视于"按钮 ，再次选择实体上表面，在弹出的快捷按钮框中单击"草图绘制"按钮 ，绘制草图1，如图8-32左边的粗线所示。

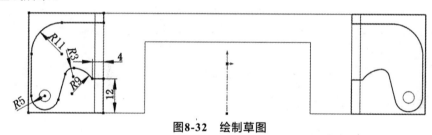

图8-32　绘制草图

（2）在标签栏中单击"草图"标签，再在命令按钮栏中单击"中心线"按钮 ，经过原点绘制一条中心线，如图8-32中间位置的中心线所示。

（3）单击"镜像实体"按钮 ，在"镜像"屏幕上方单击"要镜像的实体"栏中的显示框，再选择图8-32左边的粗线，然后单击"镜像轴"栏中的显示框，再选择图8-32中间的中心线。

（4）单击"确定"按钮 ✓，将图8-32左边的粗线镜像到右边，如图8-32所示。

（5）在标签栏中单击"特征"标签，再在命令按钮栏中单击"拉伸切除"按钮 ，在"拉伸-切除"属性管理器的"方向1（1）"栏中选择"完全贯穿"。

（6）单击"确定"按钮 ✓，切出结果如图8-33所示。

（7）单击 𝒟𝒮 SOLIDWORKS 旁边的▶符号，在菜单栏中选择"插入"→"钣金"→"折叠"命令。

（8）在弹出"折叠"属性管理器中单击"固定面"下面的显示框，再在图8-33中钣金实体上选择平面A为固定面，然后单击"要折叠的折弯"下面的显示框，再在

图8-33中钣金实体上选择两个圆弧面B为要折叠的折弯。

（9）单击"确定"按钮✓，将折叠折弯，如图8-34所示。

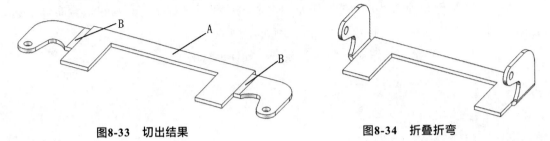

图8-33　切出结果　　　　　　　　　　　图8-34　折叠折弯

6. 创建圆孔

（1）选择上视基准面，在弹出的快捷按钮框中单击"正视于"按钮🔔，再次选择上视基准面，在弹出的快捷按钮框中单击"草图绘制"按钮▤，绘制一个圆，如图8-35所示。

（2）在标签栏中单击"特征"标签，再在命令按钮栏中单击"拉伸切除"按钮◎，在"拉伸-切除"属性管理器的"方向1（1）"栏中选择"完全贯穿"。

（3）单击"确定"按钮✓，在实体上切出一个圆孔，如图8-36所示。

图8-35　绘制一个圆　　　　　　　　图8-36　在实体上切出一个圆孔

（4）在标签栏中单击"特征"标签，再在命令按钮栏中单击"线性阵列"→"线性阵列"按钮▦，在弹出的"线性阵列"属性管理器中单击"零件"按钮🔩，在"线性阵列"属性管理器的右边弹出设计树，如图8-37所示。

（5）单击"方向1"下面的显示框，在设计树中选择右视基准面，选择"间距与实例数"单选按钮，将"距离"🔧设为80mm，"数量"设为2个；单击"方向2"下面的显示框，在设计树中选择前视基准面，选择"间距与实例数"单选按钮，将"距离"🔧设为20mm，"数量"设为2个，如图8-37所示。

（6）单击"确定"按钮✓，创建阵列特征，在实体上切出4个圆孔，如图8-38所示。

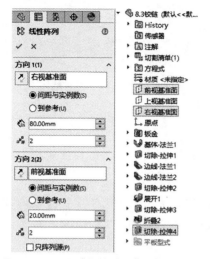

图8-37　设置"线性阵列"属性管理器

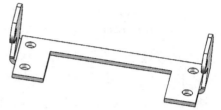

图8-38　在实体上切出4个圆孔

8.4 创建板卡

本节通过绘制主机板卡，讲述SolidWorks钣金的基本命令，产品如图8-39所示。

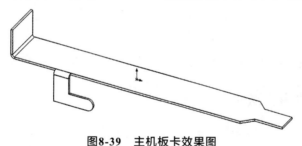

图8-39　主机板卡效果图

1．创建基体

（1）单击"新建"按钮，弹出"新建SolidWorks文件"对话框，单击"零件"按钮，进入创建零件环境。

（2）选择上视基准面，在弹出的快捷按钮框中单击"正视于"按钮，再次选择上视基准面，在弹出的快捷按钮框中单击"草图绘制"按钮，绘制草图1，如图8-40所示。

（3）单击 _DS SOLIDWORKS_ 旁边的▶符号，在菜单栏中选择"插入"→"钣金"→"基体法兰"命令。

（4）在"基体法兰"属性管理器中，在"钣金参数"栏中将"厚度"设为2mm，"折弯半径"设为2mm。

（5）单击"确定"按钮，创建基体法兰，如图8-41所示。

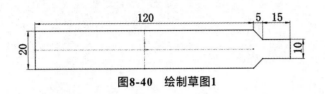

图8-40　绘制草图1

图8-41　创建基体法兰

2. 创建边线法兰

（1）单击 δS SOLIDWORKS ▶旁边的▶符号，在菜单栏中选择"插入"→"钣金"→"边线法兰"命令，弹出"边线法兰"属性管理器。

（2）选择钣金上表面左边的边线，在"钣金参数"栏中将"角度" 设为90°，在"法兰长度"栏中将"长度" 设为15mm，单击"双弯曲"按钮 ，在"法兰位置"栏中单击"折弯在外"按钮 ，如图8-42所示。

（3）单击"确定"按钮 ，创建边线法兰，如图8-43所示。

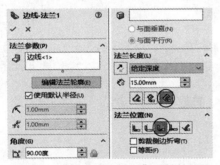

图8-42　设定"边线-法兰"属性管理器

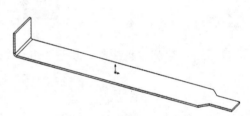

图8-43　创建边线法兰

3. 自定义草图的边线法兰

（1）单击 δS SOLIDWORKS ▶旁边的▶符号，在菜单栏中选择"插入"→"钣金"→"边线法兰"命令，弹出"边线法兰"属性管理器。

（2）选择钣金上表面侧面的边线，在"钣金参数"栏中将"角度" 设为90°，在"法兰长度"栏中将"长度" 设为15mm，单击"双弯曲"按钮 ，在"法兰位置"栏中单击"折弯在外"按钮 ，如图8-42所示。

（3）单击"确定"按钮 ，创建边线法兰，如图8-44所示。

（4）在设计树中展开"边线-法兰2"，然后选择"草图3"，在弹出的快捷按钮框中单击"正视于"按钮 ，再次选择"草图3"，在弹出的快捷按钮框中单击"编辑草图"按钮 ，如图8-45所示。

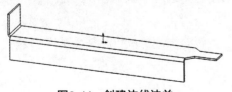

图8-44　创建边线法兰

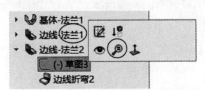

图8-45　单击"编辑草图"按钮

（5）在"草图"标签栏中单击"裁剪实体"按钮 ⭐，将默认的草图裁剪后，重新绘制一个草图，如图8-46所示。

（6）单击"确定"按钮 ✓，创建自定义草图的边线法兰，如图8-47所示。

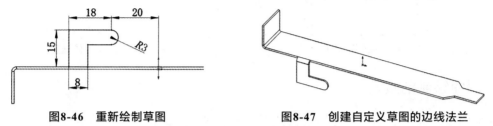

图8-46　重新绘制草图　　　　　　　　图8-47　创建自定义草图的边线法兰

8.5 创建垃圾铲

本节通过绘制垃圾铲实体，讲述SolidWorks钣金的基本命令，产品如图8-48所示。

图8-48　垃圾铲效果图

1. 创建基体

（1）单击"新建"按钮 📄，弹出"新建SolidWorks文件"对话框，单击"零件"按钮 🐢，进入创建零件环境。

（2）选择上视基准面，在弹出的快捷按钮框中单击"正视于"按钮 ⚓，再次选择上视基准面，在弹出的快捷按钮框中单击"草图绘制"按钮 📐，以原点为中心绘制一个矩形，如图8-49所示。

（3）单击 ⅔ *SOLIDWORKS* ▶旁边的 ▶符号，在菜单栏中选择"插入"→"钣金"→"基体法兰"命令。

（4）在"基体法兰"属性管理器中，在"钣金参数"栏中将"厚度" 🔧设为1mm，"折弯半径" 🔾设为2mm。

（5）单击"确定"按钮 ✓，创建基体法兰，如图8-50所示。

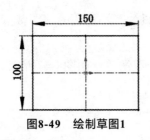

图8-49　绘制草图1

图8-50　创建基体法兰

2．创建绘制的折弯

（1）选择上表面，在弹出的快捷按钮框中单击"正视于"按钮，再次选择上表面，在弹出的快捷按钮框中单击"草图绘制"按钮，绘制两条直线，如图8-51所示。

（2）单击 SOLIDWORKS 旁边的▶符号，在菜单栏中选择"插入"→"钣金"→"绘制的折弯"命令。

（3）在"绘制的折弯"属性管理器中，单击"折弯参数"栏中的显示框，选择上表面为固定面，将折弯角度设为90°，如图8-52所示。

（4）单击"确定"按钮，创建绘制的折弯，如图8-53所示。

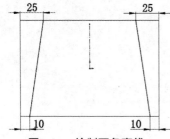

图8-51　绘制两条直线

图8-52　设置绘制的折弯参数

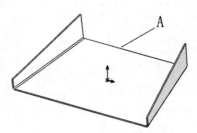

图8-53　创建绘制的折弯

3．创建边线法兰（1）

（1）单击 SOLIDWORKS 旁边的▶符号，在菜单栏中选择"插入"→"钣金"→"边线法兰"命令，弹出"边线法兰"属性管理器。

（2）选择图8-53中A所指的边线，在"钣金参数"栏中将"角度"设为90°，在"法兰长度"栏中将"长度"设为25mm，单击"内部虚拟交点"按钮，在"法兰位置"栏中单击"折弯在外"按钮。

（3）单击"确定"按钮，创建边线法兰，如图8-54所示。

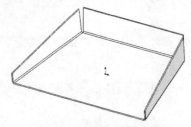

图8-54　创建边线法兰

4．创建闭合角

（1）单击 **ⅅⅅ SOLID**WORKS ▸旁边的▶符号，在菜单栏中选择"插入"→"钣金"→"闭合角"命令，弹出"闭合角"属性管理器。

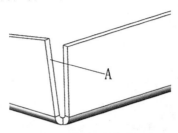

图8-55　选择A所指的平面

（2）选择图8-55中A所指的平面，在"闭合角"属性管理器中将"边角类型"设为"重叠" ，其他参数选用默认值，如图8-56所示。

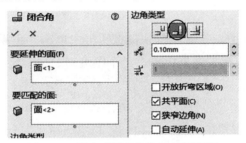

图8-56　设定"闭合角"属性管理器

（3）单击"确定"按钮 ✓，创建闭合角，如图8-57所示。

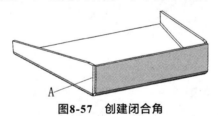

图8-57　创建闭合角

（4）采用相同的方法，创建另一个角的闭合角。

5．创建边线法兰（2）

（1）单击 **ⅅⅅ SOLID**WORKS ▸旁边的▶符号，在菜单栏中选择"插入"→"钣金"→"边线法兰"命令。

（2）选择图8-57中A所指的边线，在"边线法兰"属性管理器的"钣金参数"栏中取消选中"选用默认半径"复选框，将折弯半径设为1mm，将"角度" 设为85°，在"法兰长度"栏中将"长度" 设为8mm，单击"内部虚拟交点"按钮 ，在"法兰位置"栏中单击"折弯在外"按钮 ，如图8-58所示。

（3）单击"确定"按钮 ✓，创建边线法兰，如图8-59所示。

（4）采用相同的方法，创建另一个边线法兰，如图8-59所示。

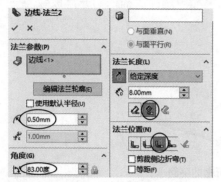

图8-58 设定"边线法兰"属性管理器参数

图8-59 创建边线法兰

6. 创建圆孔

（1）选择前视基准面，在弹出的快捷按钮框中单击"正视于"按钮 ⬆，再次选择前视基准面，在弹出的快捷按钮框中单击"草图绘制"按钮 ▧，绘制一个圆，如图8-60所示。

（2）在标签栏中单击"特征"标签，再在命令按钮栏中单击"拉伸切除"按钮 ▧，在"拉伸-切除"属性管理器的"方向1（1）"栏中选择"完全贯穿"。

（3）单击"确定"按钮 ✓，在实体上切出一个圆孔，如图8-61所示。

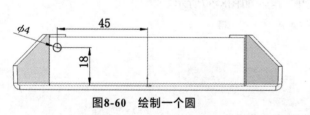

图8-60 绘制一个圆

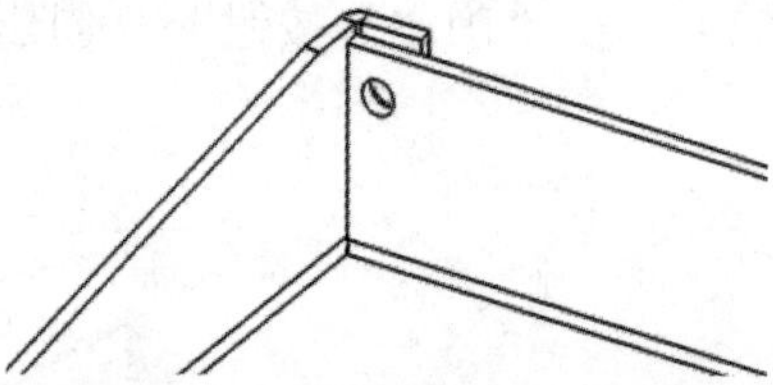

图8-61 在实体上切出一个圆孔

（4）在标签栏中单击"特征"标签，再在命令按钮栏中单击"线性阵列"→"线性阵列"按钮 ▦▦，在弹出的"线性阵列"属性管理器中单击"零件"按钮 ◩，在"线性阵列"属性管理器的右边弹出设计树。

（5）单击"方向1"下面的显示框，在设计树中选择上视基准面，选择"间距与实例数"单选按钮，将"距离" ◪ 设为12mm，"数量"设为2个；单击"方向2"下面的显示框，在设计树中选择右视基准面，选择"间距与实例数"单选按钮，将"距离" ◪ 设为89mm，"数量"设为2个，如图8-62所示。（如果阵列特征的方向相反，请单击"反向"按钮 ◪。）

（6）单击"确定"按钮 ✓，创建阵列特征，在实体上切出4个圆孔，如图8-63所示。

图8-62　设置线性阵列参数

图8-63　阵列小孔

8.6　创建抽油烟机出风口

本节通过绘制抽油烟机出风口钣金，讲述SolidWorks钣金的基本命令，产品如图8-64所示。

图8-64　抽油烟机出风口效果图

1．绘制草图1

（1）单击"新建"按钮📄，弹出"新建SolidWorks文件"对话框，单击"零件"按钮🧊，进入创建零件环境。

（2）选择上视基准面，在弹出的快捷按钮框中单击"正视于"按钮⬆️，再次选择上视基准面，在弹出的快捷按钮框中单击"草图绘制"按钮🔲，以原点为中心绘制一个矩形，矩形上有一个宽度为8mm缺口，如图8-65所示。

（3）单击"退出草图"按钮↩️，绘制草图1。

2．绘制草图2

（1）在快捷按钮栏中单击"基准面"按钮📐。

（2）在弹出"基准面"属性管理器中单击"零件"按钮，在"基准面"属性管理器的右边弹出设计树。

（3）单击"第一参考"显示框，再选择上视基准面，将"偏移距离"设为45mm，如图8-66所示。

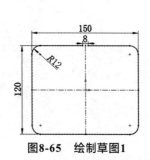

图8-65　绘制草图1

图8-66　设置"基准面"属性管理器参数

（4）单击"确定"按钮，创建基准面，如图8-67所示。

（5）选择上一步创建的基准面1，在弹出的快捷按钮框中单击"正视于"按钮，再次选择上一步创建的基准面1，在弹出的快捷按钮框中单击"草图绘制"按钮，以原点为中心绘制一个圆，圆上有一个宽度为8mm的缺口，如图8-68所示。

（6）单击"退出草图"按钮，绘制草图2。

3．创建放样折弯

（1）单击 **SOLIDWORKS** 旁边的▶符号，在菜单栏中选择"插入"→"钣金"→"放样的折弯"命令。

（2）选择"草图1"和"草图2"为放样的轮廓，设置厚度为1mm。

（3）单击"确定"按钮，创建放样的折弯，如图8-69所示。

图8-67　创建基准面

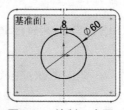

图8-68　绘制一个圆

图8-69　创建放样的折弯

提示：在创建放样特征时，所选的轮廓必须为开环，即草图1和草图2都必须是开放的。

8.7　创建台式计算机电源罩

创建如图8-70所示的计算机电源罩。

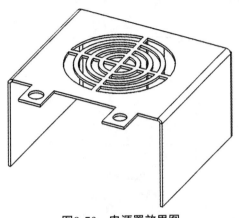

图8-70　电源罩效果图

1. 创建基体

（1）单击"新建"按钮，弹出"新建SolidWorks文件"对话框，单击"零件"按钮，进入创建零件环境。

（2）选择前视基准面，在弹出的快捷按钮框中单击"正视于"按钮，再次选择上视基准面，在弹出的快捷按钮框中单击"草图绘制"按钮，绘制草图1，如图8-71所示。

（3）单击 ɔs **SOLIDWORKS** 旁边的▶符号，在菜单栏中选择"插入"→"钣金"→"基体法兰"命令。

（4）在"基体法兰"属性管理器中，在"钣金参数"栏中，将"方向1（1）"设为"两侧对称"，"距离"设为60mm，"厚度"设为1mm，"折弯半径"设为1mm，如图8-72所示。

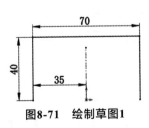

图8-71　绘制草图1

图8-72　设定基体法兰参数

（5）单击"确定"按钮，创建基体法兰，如图8-73所示。

2. 创建薄片

（1）选择钣金上表面，在弹出的快捷按钮框中单击"正视于"按钮，再次选择钣金上表面，在弹出的快捷按钮框中单击"草图绘制"按钮🗒，绘制草图2（两个矩形），如图8-74所示。

（2）单击🍣 **SOLIDWORKS** ▸旁边的▸符号，在菜单栏中选择"插入"→"钣金"→"基体法兰"命令，弹出"基体法兰"属性管理器，单击"确定"按钮✔，创建薄片，如图8-75所示。

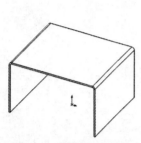　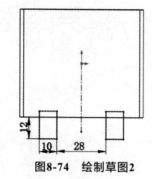　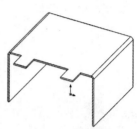

图8-73　创建基体法兰　　　　图8-74　绘制草图2　　　　图8-75　创建薄片

3. 创建圆孔

（1）选择前视基准面，在弹出的快捷按钮框中单击"正视于"按钮🡱，再次选择前视基准面，在弹出的快捷按钮框中单击"草图绘制"按钮🗒，绘制两个圆，如图8-76所示。

（2）在标签栏中单击"特征"标签，再在命令按钮栏中单击"拉伸切除"按钮🔲，在"拉伸-切除"属性管理器的"方向1（1）"栏中选择"完全贯穿"。

（3）单击"确定"按钮✔，在实体上切出两个圆孔，如图8-77所示。

4. 添加边线法兰

（1）单击🍣 **SOLIDWORKS** ▸旁边的▸符号，在菜单栏中选择"插入"→"钣金"→"边线法兰"命令，弹出"边线法兰"属性管理器。

（2）选择图8-77中A所指的边线，在"钣金参数"栏中将"角度"🔁设为90°，在"法兰长度"栏中将"长度"🔗设为30mm，单击"外部虚拟交点"按钮🔖，在"法兰位置"栏中单击"折弯在外"按钮🔳。

（3）单击"确定"按钮✔，创建边线法兰，如图8-78所示。

（4）采用相同的方法，创建另一个边线法兰，如图8-78所示。

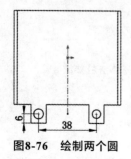　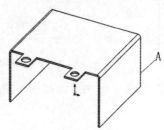　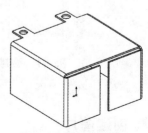

图8-76　绘制两个圆　　　　图8-77　切出两个圆孔　　　　图8-78　创建边线法兰

5. 调出"通风口"命令

"通风口"命令是SolidWorks早期版本中常用的命令，但在新版本中，该命令不在命令菜单中。对于第一次使用该命令的用户，需要先将其调出，步骤如下。

（1）在工作区顶端工具栏的空白处右击，在弹出的快捷菜单中选择"工具栏"命令，如图8-79所示。

图8-79　选择"工具栏"命令

（2）在弹出的窗口中选择"钣金"选项，如图8-80所示。

（3）将"钣金"工具条的所有命令放到屏幕左侧，其中有"通风口"命令，如图8-81所示。

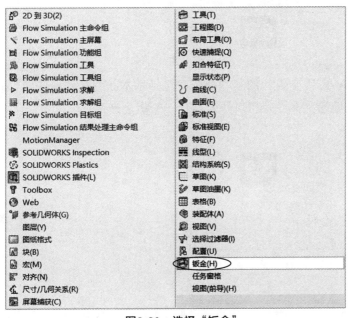

图8-80　选择"钣金"　　　　　　　图8-81　"钣金"工具条

6. 创建通风口特征

（1）选择上视基准面，在弹出的快捷按钮框中单击"正视于"按钮，再次选择上视基准面，在弹出的快捷按钮框中单击"草图绘制"按钮，以原点为圆心绘制4个圆，并经过原点绘制一条水平线和一条竖直线，两条直线的端点在ϕ45mm的圆上，如图8-82所示。

（2）单击 $\mathcal{DS}$ SOLIDWORKS 旁边的▶符号，在菜单栏中选择"插入"→"扣合特征"→"通风口"命令，或直接在"钣金"工具条中单击"通风口"按钮，在弹出的

"通风口"属性管理器中单击"边界"下方的显示框，选择φ45mm的圆。

（3）单击"筋"下方的显示框，选择两条直线，将"宽度" 设为2mm。

（4）单击"翼梁"下方的显示框，选择直径为φ35mm、φ25mm、φ15mm的三个圆，将"宽度" 设为2mm。

（5）单击"确定"按钮 ✓ ，创建通风口，如图8-83所示。

图8-82　绘制4个圆

图8-83　创建通风口

8.8　小结

本章主要讲述SolidWorks钣金设计的基本命令，包括基本法兰、边线法兰、斜接法兰和褶边特征等，灵活运用这些命令，可以快速设计一个钣金产品。

8.9　作业

设计如图8-84所示的钣金件。

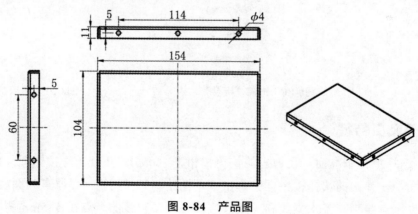

图 8-84　产品图

第9章
运动仿真入门

本章以几个简单的实例，介绍应用SolidWorks 2021进行运动仿真设计的一般过程。

9.1 调出"运动算例"

（1）对于新安装SolidWorks 2021的用户，当启动SolidWorks 2021后，屏幕最下方的工具条中只有"模型"和"3D视图"两个选项，如图9-1所示。

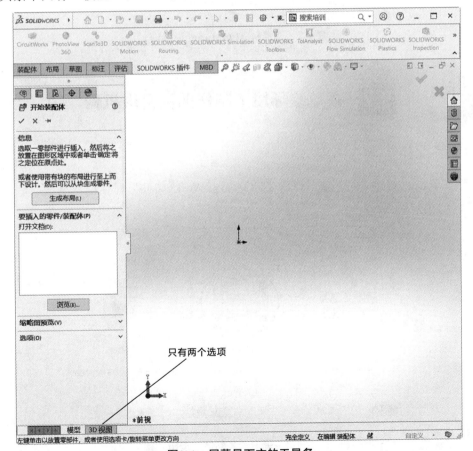

图9-1 屏幕最下方的工具条

（2）按下面的步骤调出"运动算例"。

① 在工作区顶端工具栏的空白处右击，在弹出的快捷菜单中选择"工具栏"。

② 在弹出的窗口中选择MotionManager选项，如图9-2所示。

③ 在工作区最下方的工具条中将会显示"运动算例"选项。

图9-2　选择MotionManager选项

9.2 在草绘环境下制作曲柄滑块机构

1. 创建装配体

（1）单击"新建"按钮，弹出"新建SolidWorks文件"对话框，单击"装配体"按钮，如图9-3所示。

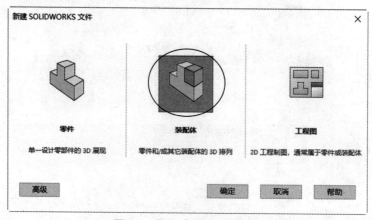

图9-3　单击"装配体"按钮

（2）单击"确定"按钮，进入装配环境。

（3）在弹出的"开始装配体"属性管理器中单击"生成布局"按钮，如图9-4所示。

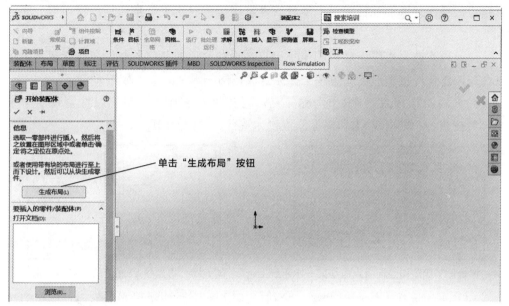

图9-4　单击"生成布局"按钮

（4）在工作区右下角单击"自定义"选项，在弹出的菜单中选择"MMGS（毫米、克、秒）"，如图9-5所示。

（5）在命令按钮栏中单击"布局"按钮 ，如图9-6所示。

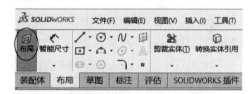

图9-5　选择MMGS　　　　　　　　**图9-6　在命令按钮栏中单击"布局"按钮**

（6）再在弹出的窗口中绘制三条直线和一个矩形，如图9-7所示。

（7）选中直线CD，再单击"制作块"按钮，如图9-8所示。

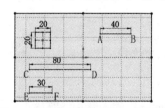

图9-7　绘制三条直线和一个矩形　　　　　　**图9-8　单击"制作块"按钮**

（8）在"制作块"属性管理器中单击"确定"按钮 ，将直线CD设为块，此时标注消失，颜色变成灰色。

（9）选择矩形的四条边、矩形的两条中心线以及矩形的中心点，再单击"制作块"按钮，然后在"制作块"属性管理器中单击"确定"按钮 ，将矩形设为块。

（10）采用相同的方法，将另外两条直线设为块。

（11）在命令按钮栏中单击"显示/删除几何关系"→"添加几何关系"，选择矩形下底边，再在"添加几何关系"属性管理器中单击"水平"按钮━，将矩形下底边设为水平。

（12）再次选择矩形下底边和坐标原点，再在"添加几何关系"属性管理器中单击"重合"按钮⤢，将矩形下底边和坐标原点放在同一水平线上，如图9-9所示。

（13）再次选择直线AB和坐标原点，再在"添加几何关系"属性管理器中单击"重合"按钮⤢，将直线AB和坐标原点设为重合，如图9-10所示。

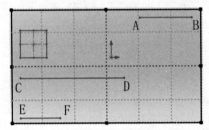

图9-9　将矩形下底边和坐标原点放在同一水平线上

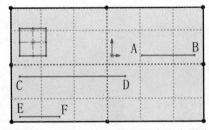

图9-10　将直线AB和坐标原点设为重合

（14）再次选择直线AB，再在"添加几何关系"属性管理器中单击"固定"按钮⤢，单击"确定"按钮✔，将直线AB设为固定，该直线在运动中是固定不动的。

（15）在命令按钮栏中单击"显示/删除几何关系"→"添加几何关系"，选择矩形的中心点和选择直线CD的端点C，再在"添加几何关系"属性管理器中单击"重合"按钮⤢，将矩形的中心点和直线CD的端点C设为重合，如图9-11所示。

（16）在命令按钮栏中单击"显示/删除几何关系"→"添加几何关系"，选择直线CD的端点D和直线EF的端点E，再在"添加几何关系"属性管理器中单击"重合"按钮⤢，将直线CD的端点D和直线EF的端点E设为重合，如图9-12所示。

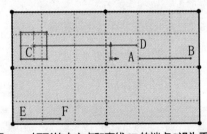

图9-11　矩形的中心点和直线CD的端点C设为重合

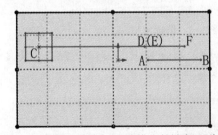

图9-12　直线CD的端点D和直线EF的端点E设为重合

（17）在命令按钮栏中单击"显示/删除几何关系"→"添加几何关系"，选择直线EF的端点F和直线AB，再在"添加几何关系"属性管理器中单击"重合"按钮⤢，将直线EF的端点F和直线AB设为重合，如图9-13所示。（提示，直线EF的端点F最好不要位于直线AB的中点。）

（18）在命令按钮栏中单击"显示/删除几何关系"→"添加几何关系"，选择选择直线EF的端点F，再在"添加几何关系"属性管理器中单击"固定"按钮⤢，单击"确定"按钮✔，将直线EF的端点F设为固定。

（19）在命令按钮栏中单击"布局"按钮，退出布局模式。

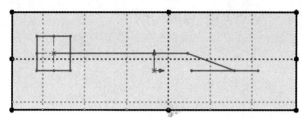

图9-13　直线EF的端点F和直线AB设为重合

2．设定运动参数

（1）先选择"SOLIDWORKS插件"，再选择SOLIDWORKS Motion选项，如图9-14所示。

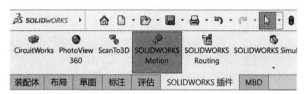

图9-14　选择SOLIDWORKS Motion选项

（2）在工作区底部单击"运动算例"，再在工作区左侧单击"动画"，在下拉菜单中选择"Motion分析"，最后在MotionManager工具栏中单击"马达"按钮，如图9-15所示。

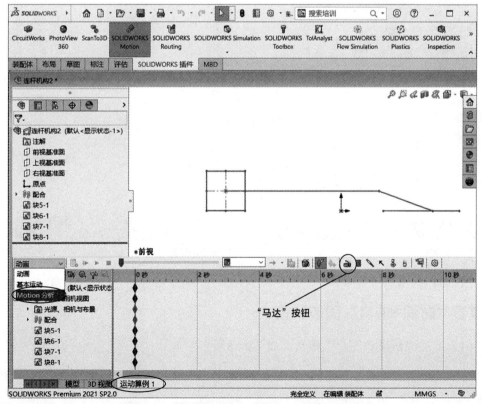

图9-15　在下拉菜单中选择"Motion分析"

（3）选择直线EF的端点F为旋转中心，F点处出现一个旋转符号，并在"马达"属性管理器中将"转速"设为30RPM，如图9-16所示。

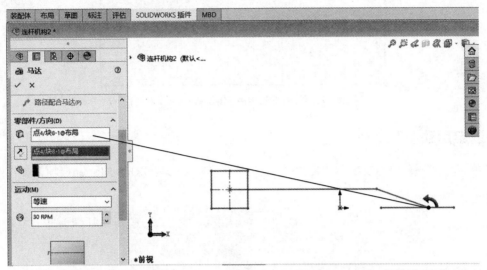

图9-16 将直线EF的端点F设为旋转中心，并在"马达"属性管理器中将"转速"设为30RPM

（4）单击"确定"按钮 ✓，然后单击"计算运算算例"，如图9-17所示。

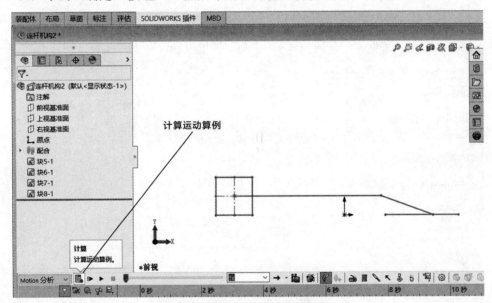

图9-17 单击"计算运动算例"

（5）单击"播放"按钮 ▶，可以看到正方形的运动过程。

3. 查看"时间–速度"图表数据

（1）单击"结果和图解"按钮，如图9-18所示。

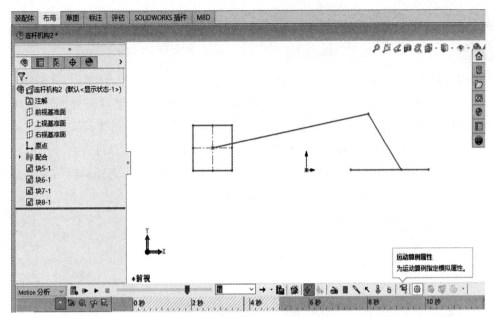

图9-18 单击"结果和图解"按钮

（2）在"结果"属性管理器中，设定"结果"为"位移/速度/加速度""线性速度""X分量"，选择正方形上边线为所测直线，如图9-19所示。

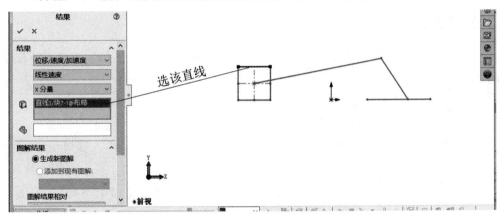

图9-19 设定"结果"属性管理器参数

（3）单击"确定"按钮 ✓，自动弹出"时间-速度"图表数据，如图9-20所示。

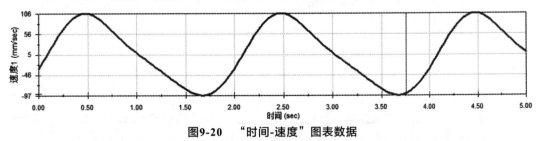

图9-20 "时间-速度"图表数据

9.3 在草绘环境下制作摇杆曲柄机构

四连杆机构由4个构件组成，如图9-21所示。其运动形式是AD固定，AB绕A点旋转，CD绕D点旋转，BC连接AB和CD。四连杆机构的基本类型可以分为曲柄摇杆机构、双曲柄机构、双摇杆机构三种。如果AB做圆周运动，CD只能做回来摆动的称为曲柄摇杆机构；AB和CD都做圆周运动的称为双曲柄机构；AB和CD两个连杆都做回来摆动的称为双摇杆机构。本项目通过一个简单的实例，详细介绍四连杆机构仿真运动的基本过程。

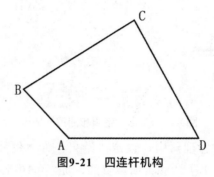

图9-21　四连杆机构

1. 创建装配体

（1）单击"新建"按钮，弹出"新建SolidWorks文件"对话框，单击"装配体"按钮。

（2）单击"确定"按钮，进入装配环境。

（3）在弹出的"开始装配体"属性管理器中单击"生成布局"按钮。

（4）在工作区右下角单击"自定义"选项，在弹出的菜单中选择"MMGS（毫米、克、秒）"。

（5）在命令按钮栏中单击"布局"按钮，再在弹出的窗口中绘制4条直线，如图9-22所示。

（6）选中直线AB，再单击"制作块"按钮。

（7）在"制作块"属性管理器中单击"确定"按钮，将直线AB设为块，此时标注消失，颜色变成灰色。

（8）采用相同的方法，将另外三条直线设为块。

（9）在命令按钮栏中单击"显示/删除几何关系"→"添加几何关系"，选择直线AB，再在"添加几何关系"属性管理器中单击"水平"按钮，将直线AB设为水平。

（10）再次选择直线AB的中点和坐标原点，再在"添加几何关系"属性管理器中单击"重合"按钮，将直线AB的中点和坐标原点设为重合，如图9-23所示。

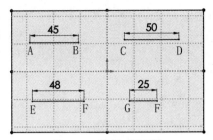

图9-22　绘制4条直线

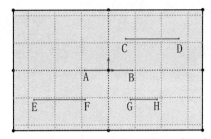

图9-23　将直线AB的中点和坐标原点设为重合

（11）在命令按钮栏中单击"显示/删除几何关系"→"添加几何关系"，选择直线AB，再在"添加几何关系"属性管理器中单击"固定"按钮，单击"确定"按钮，将直线AB设为固定。

（12）在命令按钮栏中单击"显示/删除几何关系"→"添加几何关系"，选择直线EF的端点F和直线AB的端点A，再在"添加几何关系"属性管理器中单击"重合"按钮，将直线EF的端点F和直线AB的端点A设为重合，如图9-24所示。

（13）采用相同的方法，将直线GH的端点G和直线AB的端点B设为重合，如图9-24所示。

（14）拖动端点E，使直线EF与AB成某一角度，如图9-25所示。

（15）采用相同的方法，使直线GH与AB成某一角度，如图9-25所示。

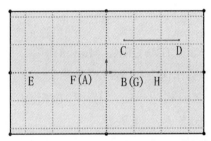

图9-24　将直线GH的端点G和直线AB的端点B设为重合

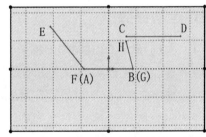

图9-25　使直线GH与AB成某一角度

（16）在命令按钮栏中单击"显示/删除几何关系"→"添加几何关系"，选择直线EF的端点E和直线CD的端点C，再在"添加几何关系"属性管理器中单击"重合"按钮，将直线EF的端点E和直线CD的端点C设为重合，如图9-26所示。

（17）采用相同的方法，将直线GH的端点H和直线CD的端点D设为重合，如图9-27所示。

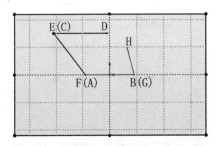

图9-26　将直线EF的端点E和直线CD
　　　　　的端点C设为重合

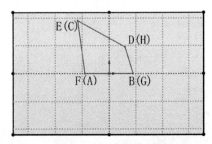

图9-27　将直线GH的端点H和直线CD
　　　　　的端点D设为重合

（18）选择直线AB，按Delete键，将直线AB删除，变为3条直线，如图9-28所示。

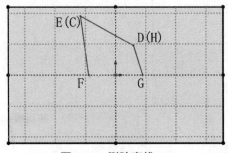

图9-28　删除直线AB

注意：由于直线AB与直线GH在端点处相交，在后面设定直线GH的端点G为马达时，为了正确选择端点G，最好先删除直线AB。如果不删除直线AB，有可能无法选中直线GH的端点G，而是选中直线AB的端点B，导致运动仿真失败。

（19）在命令按钮栏中单击"显示/删除几何关系"→"添加几何关系"，选择直线HG的端点G，再在"添加几何关系"属性管理器中单击"固定"按钮 ，单击"确定"按钮 ，将端点G设为固定。

（20）采用相同的方法，将直线EF的端点F设为固定。

（21）在命令按钮栏中单击"布局"按钮 ，退出布局模式。

2．设定运动参数

（1）先选择"SOLIDWORKS插件"，再选择SOLIDWORKS Motion选项。

（2）在工作区底部单击"运动算例"，再在工作区左侧单击"动画"，在下拉菜单中选择"Motion分析"，最后在MotionManager工具栏中单击"马达"按钮 。

（3）将直线HG的端点G设为旋转中心，G点处出现一个旋转符号，并在"马达"属性管理器中将"转速"设为20RPM，如图9-29所示。

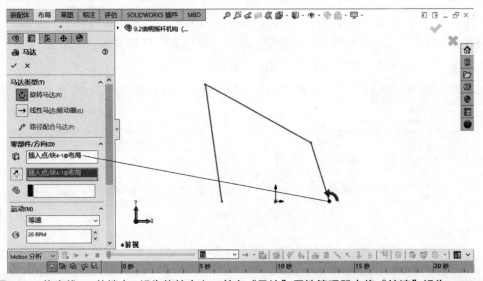

图9-29　将直线HG的端点G设为旋转中心，并在"马达"属性管理器中将"转速"设为20RPM

（4）单击"确定"按钮 ✔，然后单击"计算运算算例"，再单击"播放"按钮▶，可以看到曲柄曲杆的运动仿真过程。

9.4 设计曲柄滑块机构

1．绘制机件

先绘制下列机件，如图9-30～图9-33所示。

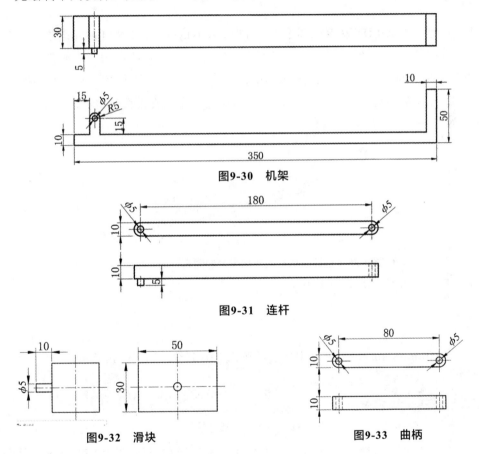

图9-30 机架

图9-31 连杆

图9-32 滑块

图9-33 曲柄

2．创建装配图

（1）单击"新建"按钮，弹出"新建SolidWorks文件"对话框，单击"装配体"按钮。

（2）单击"确定"按钮，进入装配环境，将上述零件进行装配，效果如图9-34所示。

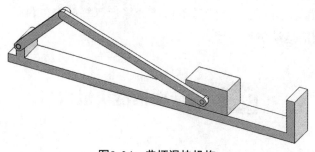

图9-34　曲柄滑块机构

3．添加马达

（1）先选择"SOLIDWORKS插件"，再选择SOLIDWORKS Motion选项。

（2）先在工作区底部单击"运动算例"，再在工作区左侧单击"动画"，在下拉菜单中选择"Motion分析"，最后在MotionManager工具栏中单击"马达"按钮 。

（3）选择曲柄与机架相配合的圆孔边线为马达，显示旋转符号，如图9-35所示。

马达

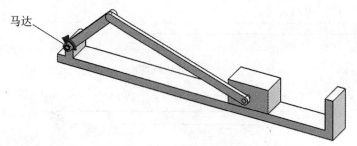

图9-35　选择曲柄与机架相配合的圆孔边线为马达

（4）单击"确定"按钮 ，生成马达。

4．添加弹簧

（1）在MotionManager工具栏中单击"弹簧"按钮 ，如图9-36所示。

图9-36　单击"弹簧"按钮

（2）在"弹簧"属性管理器中选择"线性弹簧"选项，将k设为1.0N/mm，其余参数选用默认值，如图9-37所示。

（3）单击"弹簧参数"下面的显示框，再选择滑块的右端面和机架竖直位的左端面。

（4）单击"确定"按钮 ，在机架与滑块之间加装弹簧，如图9-38所示。

图9-37　设定"弹簧"属性管理器参数

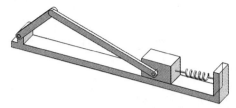

图9-38　加装弹簧

5．添加接触

（1）在MotionManager工具栏中单击"接触"按钮，如图9-39所示。

图9-39　单击"接触"按钮

（2）选择滑块和机架，单击"确定"按钮 ✓，将滑块和机架设为接触件。

6．运动仿真结果

单击"计算运算图标"，再单击"播放"按钮▶，可以观看到曲柄曲杆的运动过程。

7．显示弹簧

对于第一次运行运动仿真的用户，可能看不到弹簧伸缩运动的效果，如果要显示弹簧，按如下步骤操作即可。

（1）在工作区上方的工具条中，如果"隐藏/显示项目"按钮 的底色为加深，如图9-40所示。单击"隐藏/显示项目"按钮 ，使其底色呈白色，如图9-41所示。

图9-40　"隐藏/显示项目"按钮的底色为加深状

图9-41　使"隐藏/显示项目"按钮的底色呈白色

（2）当"隐藏/显示项目"按钮 的底色为白色时，单击旁边的▼符号，在下拉菜单中单击"运动符号"按钮 ，使其颜色加深，如图9-42所示。

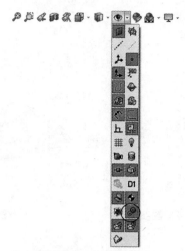

图9-42 单击"运动符号"按钮

9.5 设计凸轮机构

1．绘制机件

先绘制下列机件，如图9-43～图9-48所示。

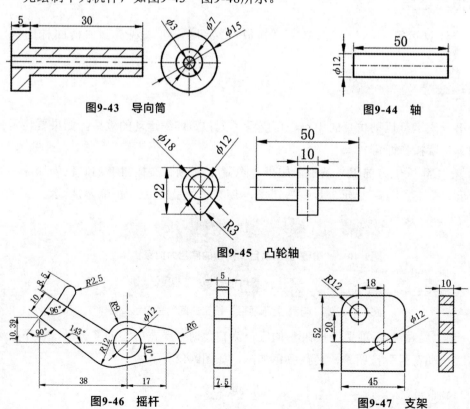

图9-43 导向筒

图9-44 轴

图9-45 凸轮轴

图9-46 摇杆

图9-47 支架

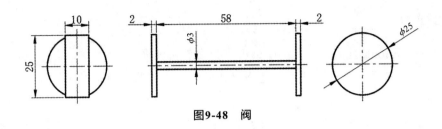

图9-48 阀

2．创建装配图

（1）单击"新建"按钮，弹出"新建SolidWorks文件"对话框，单击"装配体"按钮。

（2）单击"确定"按钮，进入装配环境，将上述零件进行装配，效果如图9-49所示。

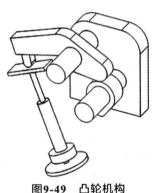

图9-49 凸轮机构

3．添加马达

（1）先选择"SOLIDWORKS插件"，再选择SOLIDWORKS Motion选项。

（2）先在工作区底部单击"运动算例"，再在工作区左侧单击"动画"，在下拉菜单中选择"Motion分析"，最后在MotionManager工具栏中单击"马达"按钮。

（3）选择凸轮轴的圆边线为马达，显示旋转符号，如图9-50所示。

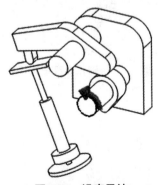

图9-50 设定马达

（4）单击"确定"按钮，生成马达。

4．添加弹簧

（1）在MotionManager工具栏中单击"弹簧"按钮 。

（2）在"弹簧"属性管理器中选择"线性弹簧"选项，将k设为0.1N/mm，将弹簧长度设为60mm，其余参数选用默认值。

（3）单击"弹簧参数"下面的显示框，再选择导向筒的上表面和阀的下表面。

（4）单击"确定"按钮 ✔，加装弹簧，如图9-51所示。

图9-51　加装弹簧

5．设定接触

（1）在MotionManager工具栏中单击"接触"按钮 。

（2）选择滑块和机架，单击"确定"按钮 ✔，将凸轮轴和摇杆设为接触，如图9-52所示。

（3）采用相同的方法，将阀和摇杆设为接触，如图9-52所示。

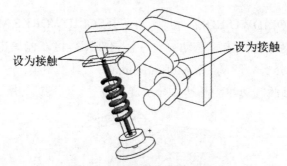

图9-52　将阀和摇杆设为接触

6．仿真结果

单击"确定"按钮 ✔，然后单击"计算运算算例"，单击"播放"按钮▶，可以观看到曲柄曲杆的运动过程。

9.6 设计直线马达

1. 绘制机件

先绘制下列机件，并装配，如图9-53～图9-55所示。

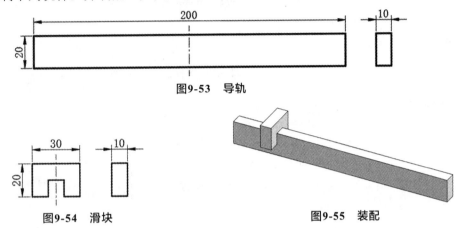

图9-53　导轨

图9-54　滑块

图9-55　装配

2. 添加马达

（1）先选择"SOLIDWORKS插件"，再选择SOLIDWORKS Motion选项。

（2）先在工作区底部单击"运动算例"，再在工作区左侧单击"动画"，在下拉菜单中选择"Motion分析"，最后在MotionManager工具栏中单击"马达"按钮。

（3）选择"线性马达（驱动器）"选项，选择滑块的边线为运动方向，显示直线马达符号，将"速度"设为20mm/s，如图9-56所示。

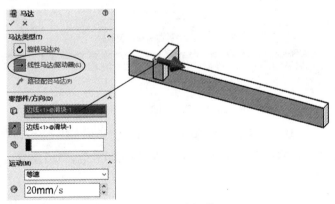

图9-56　设定马达

（4）单击"确定"按钮✔，生成线性马达1。

（5）将时间棱形图标◆拖至第10秒处，如图9-57所示，表示线性马达1的终止时间是第10秒。

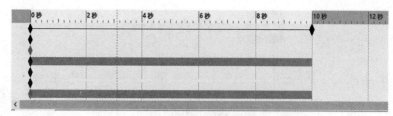

图9-57　将时间棱形图标拖至第10秒处

3．运动仿真结果

单击"计算运算算例"，再单击"播放"按钮▶，可以观看到滑块的运动过程。

4．创建往返运动

（1）在MotionManager工具栏中单击"马达"按钮，选择"线性马达（驱动器）"选项，选择滑块的边线为运动方向，显示直线马达符号，将"速度"设为20mm/s，单击"反向"按钮，使直线马达的方向相反，如图9-58所示。

图9-58　直线马达的方向相反

（2）单击"确定"按钮，生成线性马达2。

（3）选择线性马达2的时间棱形图标，如图9-59所示。

图9-59　选择第二个马达的时间棱形图标

（4）右击，在弹出的快捷菜单中选择"编辑关键点时间"命令，如图9-60所示。

（5）在弹出的"编辑时间"对话框中输入"10.00秒"，如图9-61所示。

图9-60　选择"编辑关键点时间"命令

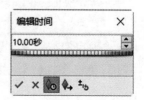

图9-61　输入"10.00秒"

（6）在线性马达2对应的横向栏中，在第10秒的位置生成一个时间棱形图标◆，该图标表示线性马达2是从第10秒开始，如图9-62所示。

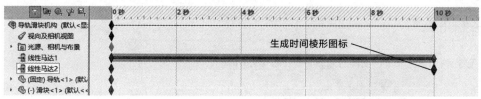

图9-62 生成时间棱形图标

（7）选择刚才生成的时间棱形图标◆，使其变成黑色，然后选择"20秒"所对应的竖直线，右击，在弹出的快捷菜单中选择"放置键码"命令。在线性马达2所对应的横向栏中，在第20秒的位置生成一个时间棱形图标◆，该图标表示线性马达2的终止时间是第20秒，如图9-63所示。

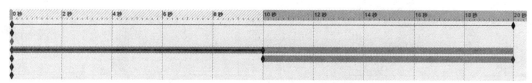

图9-63 生成第二个马达的起始时间和终止时间

（8）把鼠标放在线性马达1的第20秒处，右击，在弹出的快捷菜单中选择"关闭"命令，在线性马达1所对应的横向栏的第20秒处生成一个时间棱形图标◆，如图9-64所示。

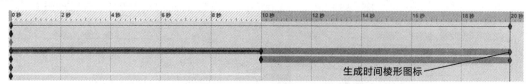

图9-64 在线性马达1的第20秒处生成一个时间棱形图标

（9）再将该时间棱形图标◆往前面拖至第10秒处，如图9-65所示。

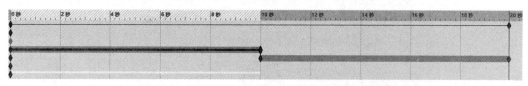

图9-65 将该时间棱形图标往前面拖至第10秒处

（10）然后重新计算即可实现往复运动。

9.7 设计自卸车运动仿真

1．绘制机件

先绘制下列机件，如图9-66～图9-70所示。

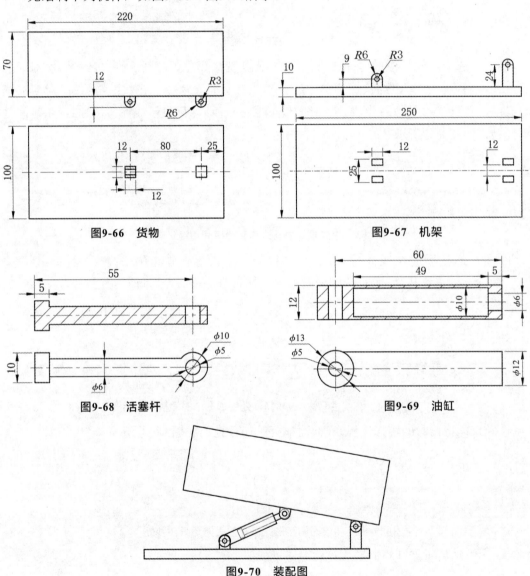

图9-66 货物

图9-67 机架

图9-68 活塞杆

图9-69 油缸

图9-70 装配图

2．添加马达

（1）先选择"SOLIDWORKS插件"，再选择SOLIDWORKS Motion选项。

（2）在工作区底部单击"运动算例"，再在工作区左侧单击"动画"，在下拉菜单中选择"Motion分析"，最后在MotionManager工具栏中单击"马达"按钮 。

（3）选择"线性马达（驱动器）"选项，选择活塞杆的圆柱面，系统自动将活塞杆的轴线设为运动方向，显示直线马达符号，将"速度"设为5mm/s，如图9-71所示。

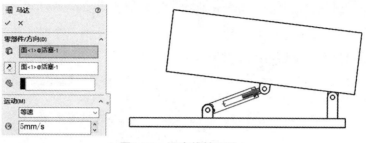

图9-71 设定线性马达1

（4）将时间栏的棱形图标◆拖至6秒处，如图9-72所示，表示马达的终止时间是第6秒。

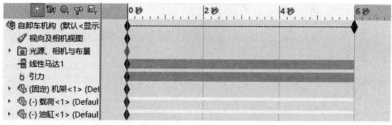

图9-72 将时间栏的棱形图标拖至6秒处

（5）单击"确定"按钮✓，生成线性马达1。

3．运动仿真结果

单击"计算运算算例"，再单击"播放"按钮▶，可以观看到自卸车提升的运动过程。

4．创建往返运动

（1）再次在MotionManager工具栏中单击"马达"按钮，选择"线性马达（驱动器）"选项，选择活塞杆的圆柱面，显示直线马达符号，将"速度"设为5mm/s，单击"反向"按钮，使直线马达的方向相反，如图9-73所示。

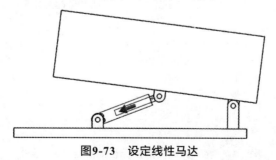

图9-73 设定线性马达

（2）单击"确定"按钮✓，生成线性马达2。

（3）选择线性马达2的时间棱形图标◆，右击，在弹出的快捷菜单中选择"编辑关键点时间"命令。

（4）在弹出的"编辑时间"窗口中输入"6s"。

（5）在线性马达2对应的横向栏中，在第6秒的位置生成一个时间棱形图标◆，该图标表示线性马达2是从第6秒开始，如图9-74所示。

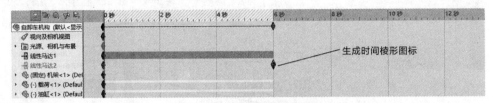

图9-74　生成时间棱形图标

（6）选择刚才生成的时间棱形图标◆，使其变成黑色，然后选择"12秒"所对应的竖直线，右击，在弹出的快捷菜单中选择"放置键码"命令。在线性马达2所对应的横向栏中，在第12秒的位置生成一个时间棱形图标◆，该图标表示线性马达2的终止时间是第12秒，如图9-75所示。

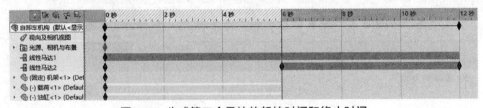

图9-75　生成第二个马达的起始时间和终止时间

（7）把鼠标放在线性马达1的第12秒处，右击，在弹出的快捷菜单中选择"关闭"命令，在线性马达1所对应的横向栏的第12秒处生成一个时间棱形图标◆，如图9-76所示。

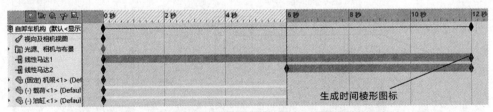

图9-76　在线性马达1的第12秒处生成一个时间棱形图标

（8）再将该时间棱形图标◆往前面拖至第6秒处，如图9-77所示。

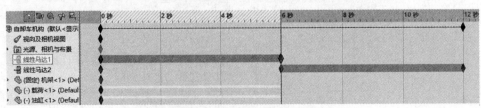

图9-77　将该时间棱形图标往前面拖至第6秒处

（9）重新计算即可实现往复运动。

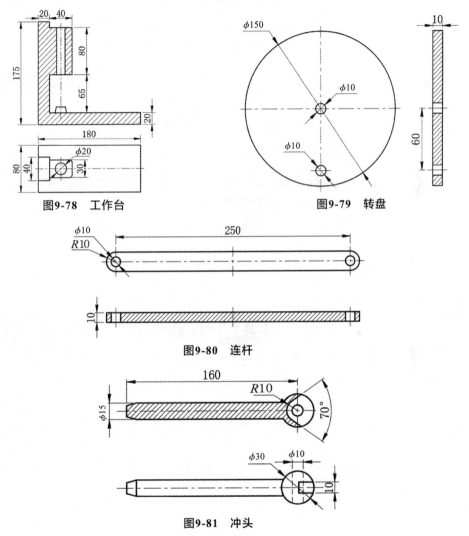

9.8 设计冲床运动仿真

1. 绘制机件

先绘制下列机件，如图9-78～图9-81所示。

图9-78 工作台

图9-79 转盘

图9-80 连杆

图9-81 冲头

2. 创建装配图

（1）单击"新建"按钮 🗋，弹出"新建SolidWorks文件"对话框，单击"装配体"按钮 🗐。

（2）单击"确定"按钮，进入装配环境，将上述零件进行装配，其中转盘中间的圆孔在工作台竖直孔的中心线上，转盘中间的圆孔与工作台台面的距离为480mm，如图9-82所示。

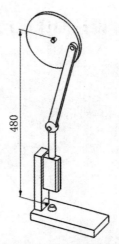

图9-82　冲床装配简图

将转盘设为旋转马达，再按前面所介绍的方法，即可创建冲床的运动仿真。

9.9 小结

本章主要讲述SolidWorks运动仿真的基本命令。

9.10 作业

对如图6-51所示的曲柄摇杆机构进行运动仿真。

第10章

综合实例

10.1 设计风扇叶

本节通过绘制风扇叶，掌握SolidWorks曲面造型的使用方法，风扇叶效果图如图10-1所示。

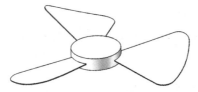

图10-1 风扇叶效果图

1. 绘制草图1

（1）单击"新建"按钮 📄，弹出"新建SolidWorks文件"对话框，单击"零件"按钮 🗒，进入创建零件环境。

（2）在设计树中选择前视基准面，经过原点绘制三条中心线，并以原点为圆心绘制一条圆弧（R39mm），如图10-2所示。

（3）单击"退出草图"按钮 ↳，绘制草图1。

2. 绘制草图2

（1）再次选择前视基准面，在弹出的快捷按钮框中单击"草图绘制"按钮 🗒，经过原点绘制三条中心线，并以原点为圆心绘制一条圆弧（R150mm），如图10-3所示。

（2）单击"退出草图"按钮 ↳，绘制草图2。

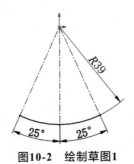

图10-2 绘制草图1

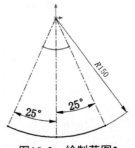

图10-3 绘制草图2

3．绘制草图3

（1）选择上视基准面，在弹出的快捷按钮框中单击"正视于"按钮 ⊥，再次选择上视基准面，在弹出的快捷按钮框中单击"草图绘制"按钮 ⊑，经过草绘2的两个端点绘制两条竖直中心线，并绘制一条圆弧，圆弧的端点在竖直中心线上，如图10-4所示。

（2）在命令按钮栏中单击"显示/删除几何关系"→"添加几何关系"，选择两条中心线，在"添加几何关系"栏中单击"固定"按钮 ⊠，单击"确定"按钮 ✓，将两条中心线设为固定。

（3）选择圆弧和坐标原点，再在"添加几何关系"属性管理器中单击"重合"按钮 ⊼，使圆弧经过坐标原点。

（4）然后标注圆弧半径为R300mm，如图10-5所示。

（5）单击"退出草图"按钮 ⊑，绘制草图3。

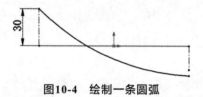

图10-4　绘制一条圆弧　　　　　　图10-5　标注圆弧半径为R300mm

4．创建风扇叶

（1）在标签栏中单击"特征"标签，再在命令按钮栏中单击"曲线"工具栏中的"投影曲线"按钮 ⊓，选择草图2和草图3，单击"确定"按钮 ✓，创建投影曲线，如图10-6所示。

（2）单击 ⅔ SOLIDWORKS ▸旁边的▸符号，在菜单栏中选择"插入"→"曲面"→"放样曲面"命令，选择草图1和投影曲线，单击"确定"按钮 ✓，创建放样曲面，如图10-7所示。

图10-6　创建组合投影曲线　　　　　　图10-7　创建放样曲面

（3）单击 ⅔ SOLIDWORKS ▸旁边的▸符号，在菜单栏中选择"插入"→"凸台/基体"→"加厚"命令，选择放样曲面，在"加厚"属性管理器中将"厚度" ⬡设为1mm。

（4）单击"确定"按钮 ✓，将放样曲面加厚成实体。

5．阵列风扇叶

（1）在设计树中选择前视基准面，在弹出的快捷按钮框中单击"草图绘制"按钮 ⊑，以原点为圆心，绘制一个直径为φ80mm的圆，如图10-8所示。

（2）在标签栏中单击"特征"标签，再在命令按钮栏中单击"拉伸凸台/基体"按钮，在"凸台-拉伸"属性管理器中，将"方向1（1）"设为"两侧对称"，在"深度"栏中输入20mm，选择"合并结果"复选框。

（3）单击"确定"按钮✔，创建圆柱，如图10-9所示。

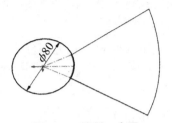

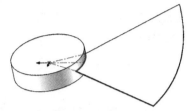

图10-8　绘制一个圆　　　　　　　　　　　　　　图10-9　创建圆柱

（4）在标签栏中单击"特征"标签，再在命令按钮栏中单击"线性阵列"→"圆周阵列"命令，先在"圆周阵列"属性管理器中单击"方向1"栏中的显示框，再选择圆柱面，将以圆柱面的中心轴为阵列方向，选择"等间距"单选按钮，将"总角度"设为360°，"阵列个数"设为3，单击"特征和面"栏中的显示框，再选择风扇叶。

（5）单击"确定"按钮✔，沿圆柱中心轴线方向阵列风扇叶，如图10-10所示。

（6）在命令按钮栏中单击"圆角"按钮，选择风扇叶的棱线，将圆角半径改为20mm。

（7）单击"确定"按钮✔，创建圆角，如图10-11所示。

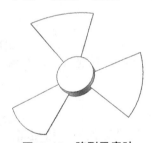

图10-10　阵列风扇叶　　　　　　　　　　　　　　图10-11　创建圆角

10.2　设计环状楼梯

创建环状楼梯，如图10-12所示。

图10-12　环状楼梯效果图

1．创建圆柱

（1）单击"新建"按钮，弹出"新建SolidWorks文件"对话框，单击"零件"按钮，进入创建零件环境。

（2）在设计树中选择上视基准面，在弹出的快捷按钮框中单击"草图绘制"按钮，以原点为圆心，绘制一个圆（ϕ250mm），如图10-13所示。

（3）在标签栏中单击"特征"标签，再在命令按钮栏中单击"拉伸凸台/基体"按钮，在"凸台-拉伸"属性管理器中，将"方向1（1）"设为"给定深度"，"深度"设为300mm。

（4）单击"确定"按钮，创建一个圆柱，如图10-14所示。

2．创建扫描截面

（1）选择前视基准面，在弹出的快捷按钮框中单击"正视于"按钮，再次选择前视基准面，在弹出的快捷按钮框中单击"草图绘制"按钮，以原点为端点，绘制一条直线，如图10-15所示。

（2）单击"退出草图"按钮，完成扫描截面。

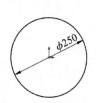

图10-13　绘制一个圆

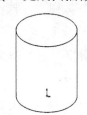

图10-14　创建圆柱

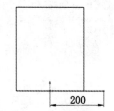

图10-15　绘制一条直线

3．创建扫描路径

（1）选择前视基准面，在弹出的快捷按钮框中单击"正视于"按钮，再次选择前视基准面，在弹出的快捷按钮框中单击"草图绘制"按钮，以原点为端点，绘制一条直线，长度为280mm，如图10-16所示。

（2）单击"退出草图"按钮，完成扫描路径。

4．创建扫描曲面

（1）单击 SOLIDWORKS 旁边的▶符号，在菜单栏中选择"插入"→"曲面"→"扫描曲面"命令。

（2）在"曲面-扫描"属性管理器中，在"轮廓和路径"栏中单击"草图轮廓"单选按钮，将草图2设为扫描截面，草图3设为路径，"轮廓方位"设为"随路径变化"，"轮廓扭转"设为"指定扭转值"，"扭转控制"设为"度数"，"方向1（1）"设为1000°，如图10-17所示。

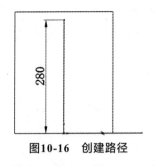

图10-16　创建路径

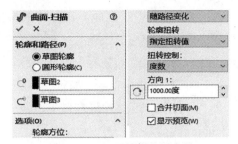

图10-17　设置扫描曲面参数

（3）单击"确定"按钮✔，创建扫描曲面。

5. 将曲面转换为实体

（1）单击 **ᴆ SOLIDWORKS** ▶旁边的▶符号，在菜单栏中选择"插入"→"凸台/基体"→"加厚"命令，选择扫描曲面，在"加厚"属性管理器中将"厚度"🍂设为10mm，创建的扫描曲面如图10-18所示。

（2）单击"确定"按钮✔，将扫描曲面转换成实体，如图10-19所示。

图10-18　扫描曲面

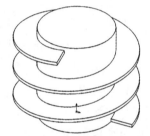

图10-19　将曲面转换为实体

10.3 设计电器盒

设计电器盒，如图10-20所示。

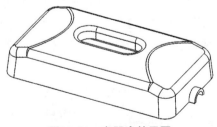

图10-20　电器盒效果图

1. 绘制基本实体

（1）单击"新建"按钮📄，弹出"新建SolidWorks文件"对话框，单击"零件"按钮🍳，进入创建零件环境。

（2）选择右视基准面，在弹出的快捷按钮框中单击"正视于"按钮 ↑ ，再次选择右视基准面，在弹出的快捷按钮框中单击"草图绘制"按钮 🖉 ，绘制草图1，草图1的两条竖直线以经过原点的竖直中心线对称，如图10-21所示。

（3）在标签栏中单击"特征"标签，再在命令按钮栏中单击"拉伸凸台/基体"按钮 🗍 ，在"凸台-拉伸"属性管理器中，将"方向1（1）"设为"两侧对称"，"深度" 🖍 设为150mm。

（4）单击"确定"按钮 ✔ ，创建一个实体，如图10-22所示。

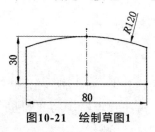

图10-21　绘制草图1

图10-22　创建实体

2．创建斜面

（1）选择前视基准面，在弹出的快捷按钮框中单击"正视于"按钮 ↑ ，再次选择前视基准面，在弹出的快捷按钮框中单击"草图绘制"按钮 🖉 ，绘制一条直线，直线的一个端点在实体的端面，另一个端点在实体以外，如图10-23所示。（由于直线的一侧完全切除，所以该草图简化为一条直线。）

（2）在标签栏中单击"特征"标签，再在命令按钮栏中单击"拉伸切除"按钮 🗐 ，在"拉伸-切除"属性管理器的"方向1（1）"栏中选择"完全贯穿-两者"。单击"确定"按钮 ✔ ，在实体的上表面切出一个斜面，如图10-24所示。

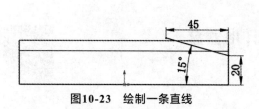

图10-23　绘制一条直线　　　　图10-24　在实体的上表面切出一个斜面

（3）在标签栏中单击"特征"标签，再在命令按钮栏中单击"镜像"按钮 🔠 ，在弹出的"镜像"属性管理器中单击"设计树"按钮 🖳 ，在属性管理器的右侧显示设计树。

（4）在设计树中选择右视基准面为镜像面，选择上一步创建的切除特征为要镜像的特征。

（5）单击"确定"按钮 ✔ ，镜像切除特征，如图10-25所示。

3．创建拔模

（1）在标签栏中单击"特征"标签，再在命令按钮栏中单击"拔模"按钮 🖣 ，在弹出的"拔模"属性管理器中选择"手工"选项 手工 ，在"拔模"类型栏中选择"中性面"单选按钮，在"拔模角度"栏中将"角度" 设为5°，单击"中性面"栏中的显示框，选择底面为中性面，单击"拔模面"栏中的显示框，选择4个侧面为拔模面。

（2）单击"确定"按钮 ，创建拔模特征，实体的下面大上面小，将视图方向设为前视图后如图10-26所示。

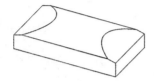 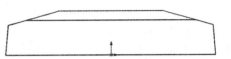

图10-25　镜像切除特征　　　　　图10-26　创建拔模特征，实体的下面大上面小

4．创建方孔

（1）选择前视基准面，在弹出的快捷按钮框中单击"正视于"按钮 ，再次选择前视基准面，在弹出的快捷按钮框中单击"草图绘制"按钮 ，绘制草图2，如图10-27所示。

（2）在标签栏中单击"特征"标签，再在命令按钮栏中单击"拉伸凸台/基体"按钮 ，在"凸台-拉伸"属性管理器中，将"方向1（1）"设为"两侧对称"，"深度" 设为160mm。

（3）单击"确定"按钮 ，创建一个拉伸实体，如图10-28所示。

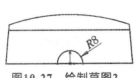 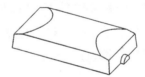

图10-27　绘制草图2　　　　　图10-28　创建拉伸特征

（4）选择上视基准面，在弹出的快捷按钮框中单击"正视于"按钮 ，再次选择上视基准面，在弹出的快捷按钮框中单击"草图绘制"按钮 ，以原点为中心绘制一个矩形（55mm×20mm），如图10-29所示。

（5）在标签栏中单击"特征"标签，再在命令按钮栏中单击"拉伸切除"按钮 ，在"拉伸-切除"属性管理器的"方向1（1）"栏中选择"完全贯穿"，单击"确定"按钮 ，在实体上切出一个方孔，如图10-30所示。

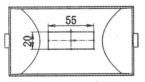 

图10-29　绘制一个矩形图　　　　　10-30　切出方孔

5．创建圆角

（1）在标签栏中单击"特征"标签，再在命令按钮栏中单击"圆角"按钮 ，弹

出"圆角"属性管理器，在"圆角类型"栏中单击"全圆角"按钮，选择三个面组。

（2）单击"确定"按钮✔，在切除方孔上创建完整圆角，如图10-31所示。

（3）在命令按钮栏中单击"圆角"按钮，将实体的四条棱边倒圆角（R10mm），如图10-32所示。

（4）再次单击"圆角"按钮，将实体上表面的两条边倒圆角（R5mm），如图10-33所示。

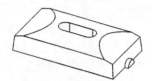
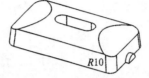
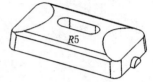

| 10-31　创建完整圆角 | 图10-32　将四条棱边倒圆角 | 图10-33　将上表面的边线倒圆角 |

（5）再次单击"圆角"按钮，将上表面切除特征的边线倒圆角（R5mm），如图10-34所示。

（6）再次单击"圆角"按钮，将方孔的边线倒圆角（R3mm），如图10-35所示。

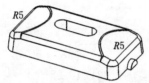
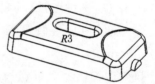

| 图10-34　将切除特征的边线倒圆角 | 图10-35　将方孔的边线倒圆角 |

（7）在标签栏中单击"特征"标签，再在命令按钮栏中单击"抽壳"按钮。

（8）将"厚度"设为2mm，选择底面和两个半圆柱的端面，抽壳结果如图10-36所示。

（9）以上视基准面为草绘平面，以原点为中心，绘制一个矩形，如图10-37所示。

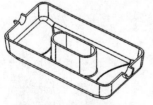
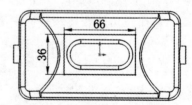

| 图10-36　创建抽壳特征 | 图10-37　绘制一个矩形 |

（10）在标签栏中单击"特征"标签，再在命令按钮栏中单击"拉伸切除"按钮，在"拉伸-切除"属性管理器中，将"深度"设为20mm，单击"确定"按钮✔，将实体中间的薄壁切短，如图10-38所示。

6. 创建筋特征

（1）在命令按钮栏中单击"基准面"按钮，在弹出的"基准面"属性管理器中单击"零件"按钮，在工作区左侧显示设计树。

（2）在设计树中选择右视基准面为参考面，将"偏移距离" 设为35mm。

（3）单击"确定"按钮 ，创建基准面1，该基准面与右视基准面的距离为35mm，如图10-39所示。

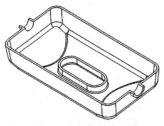

图10-38　将中间的薄壁切短

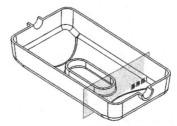

图10-39　创建基准面1

（4）选择基准面1，在弹出的快捷按钮框中单击"正视于"按钮 ，再次选择基准面1，在弹出的快捷按钮框中单击"草图绘制"按钮 ，绘制一个草图，如图10-40所示。

（5）在标签栏中单击"特征"标签，再在命令按钮栏中单击"筋"按钮 ，在"筋"属性管理器的"厚度"栏中单击"两侧"按钮 ，将"厚度" 设为2mm，在"拉伸方向"栏中单击"平行于草图"按钮 ，选择"反转材料方向"复选框，如图10-41所示。

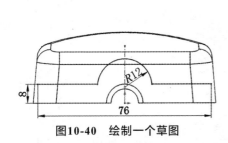

图10-40　绘制一个草图

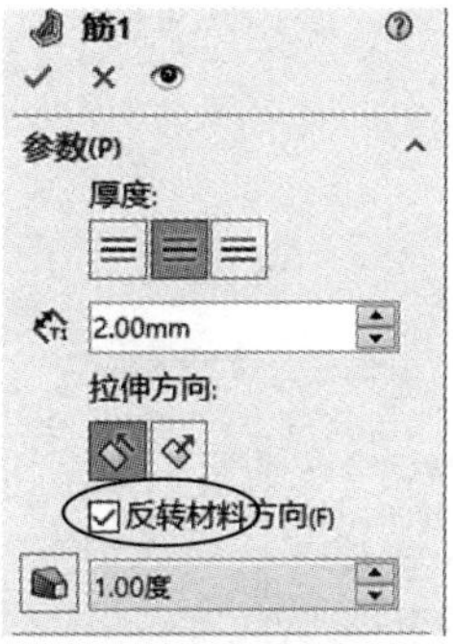

图10-41　设定"筋"参数

（6）单击"确定"按钮 ，在实体上创建一条筋，如图10-42所示。

（提示，如果不能创建筋，请检查草图中水平线的端点是否在内、外壁厚之间。）

7．阵列筋特征

（1）在标签栏中单击"特征"标签，再在命令按钮栏中单击"线性阵列"→"线性阵列"按钮 ，弹出"阵列（线性）1"属性管理器。

（2）单击"方向1"下面的显示框，选择基准面1为阵列方向，在"阵列（线性）1"属性管理器中单击"反方"按钮 ，使实体侧面的箭头朝向实体另一侧。

（3）在"阵列（线性）1"属性管理器中选择"间距与实例数"单选按钮，将"间距"设为80mm，将"个数"设为2，如图10-43所示。

（4）单击"确定"按钮 ，创建阵列特征，如图10-44所示。

图10-42　创建筋

图10-43　设定阵列参数

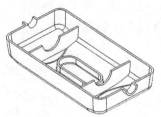

图10-44　创建阵列

8. 创建螺纹孔

（1）选择筋特征的上表面，在弹出的快捷按钮框中单击"正视于"按钮↓，再次选择筋特征的上表面，在弹出的快捷按钮框中单击"草图绘制"按钮，绘制一个圆（φ10mm），如图10-45所示。

（2）在标签栏中单击"特征"标签，再在命令按钮栏中单击单击"拉伸凸台/基体"按钮，在"凸台-拉伸"属性管理器中，单击"反向"按钮，使箭头朝向产品，将"方向1（1）"设为"成形到下一面"选项，选择"合并结果"复选框，将"拔模"角度设为3°，如图10-46所示。

（3）单击"确定"按钮，创建一个圆凸台，如图10-47所示。

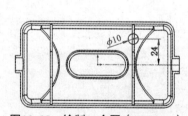

图10-45　绘制一个圆（φ10mm）

图10-46　设定拉伸参数

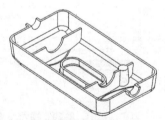

图10-47　创建圆凸台

（4）在标签栏中单击"特征"标签，再在命令按钮栏中单击"异型孔向导"按钮，在弹出的"孔规格"属性管理器中单击"类型"标签 类型，在"孔类型"栏中选择"直螺纹孔"选项，在"标准"栏中选择ISO选项，在"类型"栏中选择"底部螺纹孔"选项，在"孔规格大小"栏中选择M6，在"终止条件"栏中选择"给定深度"，将"深度"设为18mm，在"螺纹线"栏中选择"给定深度"，将"深度"设为12mm，如图10-48所示。

（5）在"孔规格"属性管理器中单击"位置"标签 位置，选择圆凸台的圆心，形成一个暂时孔，暂时孔的颜色呈黄色。

（6）单击"点"按钮，使"点"按钮的底色呈白色，即可终止继续创建孔。

（7）单击"确定"按钮，创建一个螺纹孔，如图10-49所示。

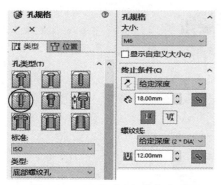

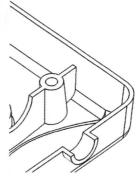

图10-48　设定"孔规格"参数　　　　　　　　图10-49　创建螺纹孔

（8）在标签栏中单击"特征"标签，再在命令按钮栏中单击"线性阵列"→"线性阵列"按钮 ∷，弹出"阵列（线性）2"属性管理器。

（9）单击"方向1"下面的显示框，选择右视基准面为阵列方向，单击"反方"按钮 ↗，使实体侧面的箭头朝向实体另一侧。

（10）在"阵列（线性）2"属性管理器中选择"间距与实例数"单选按钮，将"间距"设为80mm，"实例"数设为2。

（11）单击"方向2"下面的显示框，选择前视基准面为阵列方向，单击"反方"按钮 ↗，使实体侧面的箭头朝向实体另一侧。

（12）在"阵列（线性）2"属性管理器中选择"间距与实例数"单选按钮，将"间距"设为48mm，"实例"数设为2，如图10-50所示。

（13）单击"确定"按钮 ✓，创建阵列特征，如图10-51所示。

图10-50　设定阵列参数

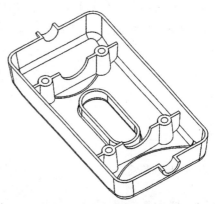

图10-51　阵列凸台

10.4 设计旋钮

设计旋钮，如图10-52所示。

图10-52 旋钮示意图

1．绘制旋转曲面

（1）单击"新建"按钮，弹出"新建SolidWorks文件"对话框，单击"零件"按钮，进入创建零件环境。

（2）在设计树中选择前视基准面，绘制一条圆弧与一条中心线，其中圆弧的两个端点与原点在同一水平（竖直）线上，圆心与原点在同一竖直线上，如图10-53所示。

（3）单击 *SOLIDWORKS* 旁边的▶符号，在菜单栏中选择"插入"→"曲面"→"旋转曲面"命令，创建旋转曲面，如图10-54所示。

2．绘制拉伸曲面

（1）在设计树中选择上视基准面，在弹出的快捷按钮框中单击"草图绘制"按钮。

（2）在命令按钮栏中单击"转换实体引用"按钮，选择旋转曲面的边线，单击"确定"按钮，将旋转曲面的边线转换成草图圆。

（3）单击 *SOLIDWORKS* 旁边的▶符号，在菜单栏中按钮"插入"→"曲面"→"拉伸曲面"命令，在"曲面-拉伸1"属性管理器中将"深度"设为6mm，单击"确定"按钮，创建拉伸曲面，如图10-55所示。

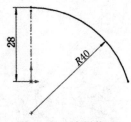

图10-53 绘制草图1

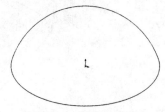

图10-54 创建旋转曲面

图10-55 创建拉伸曲面

3．绘制草图2

（1）选择前视基准面，在弹出的快捷按钮框中单击"正视于"按钮，再次选择前视基准面，在弹出的快捷按钮框中单击"草图绘制"按钮⬚，绘制草图2，如图10-56所示。

（2）然后单击"退出草图"按钮⬚，完成草图2。

4．绘制草图3

（1）在标签栏中单击"特征"标签，再在命令按钮栏中单击"参考"→"基准面"按钮⬚。

（2）弹出"基准面"属性管理器，在"第一参考"栏中单击显示框，选择前视基准面，将"偏移距离"⬚设为35mm，创建基准面1，如图10-57所示。

（3）在设计树中选择基准面1，在弹出的快捷按钮框中单击"正视于"按钮⬚，再次选择基准面1，在弹出的快捷按钮框中单击"草图绘制"按钮⬚，绘制草图3，如图10-58所示。

（4）单击"退出草图"按钮⬚，完成草图3。

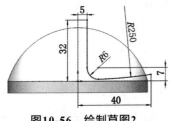

图10-56　绘制草图2

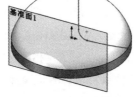

图10-57　创建基准面1

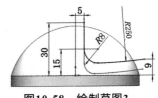

图10-58　绘制草图3

5．创建草图4

（1）采用相同的方法，在前面基准面的另一侧创建基准面2，如图10-59所示。

（2）以基准面2为草绘平面，参考草图3，绘制草图4，如图10-60所示。

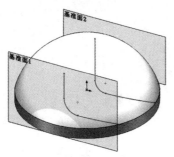

图10-59　创建基准面2

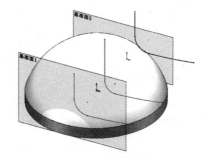

图10-60　创建草图4

6．创建旋钮实体

（1）单击 ⬚ SOLIDWORKS ▸旁边的▸符号，在菜单栏中选择"插入"→"曲面"→"放样曲面"命令，按顺序选择草图4、草图2、草图3，单击"确定"按钮✔，创建放样曲面，如图10-61所示。

（2）在标签栏中单击"特征"标签，再在命令按钮栏中单击"镜像"按钮，在弹出的"镜像"属性管理器中单击"设计树"按钮，在属性管理器的右侧显示设计树。

（3）在设计树中选择右视基准面为镜像面，选择放样曲面为要镜像的特征，单击"确定"按钮，创建镜像曲面，如图10-62所示。

（4）单击 *DS SOLIDWORKS* 旁边的▶符号，在菜单栏中选择"插入"→"曲面"→"裁剪曲面"命令，在"曲面/裁剪"属性管理器中，将"裁剪类型"设为"相互"，选择放样曲面和旋转曲面，裁剪效果如图10-63所示。

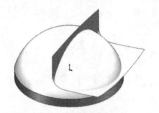
图10-61　创建放样曲面

图10-62　创建镜像曲面

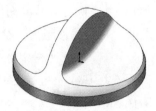
图10-63　裁剪曲面

（5）选择上视基准面，在弹出的快捷按钮框中单击"正视于"按钮，再次选择上视基准面，在弹出的快捷按钮框中单击"草图绘制"按钮，以原点为中心，绘制一个椭圆（长轴为50mm，短轴为6mm），如图10-64所示。

（6）单击"退出草图"按钮，完成草图5。

（7）单击 *DS SOLIDWORKS* 旁边的▶符号，在菜单栏中选择"插入"→"曲面"→"裁剪曲面"命令，在"曲面/裁剪"属性管理器中，将"裁剪类型"设为"标准"，选择上一步创建的椭圆为裁剪工具，选择旋转曲面为裁剪对象，裁剪效果如图10-65所示。

（8）选择前视基准面，在弹出的快捷按钮框中单击"正视于"按钮，再次选择前视基准面，在弹出的快捷按钮框中单击"草图绘制"按钮，绘制一条圆弧，圆弧的两个端点在曲面的边线上，如图10-66所示。

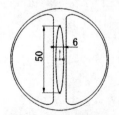
图10-64　绘制草图5

图10-65　裁剪效果

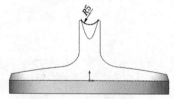
图10-66　绘制草图6

（9）单击"退出草图"按钮，完成草图6。

（10）单击 *DS SOLIDWORKS* 旁边的▶符号，在菜单栏中选择"插入"→曲面"→"填充"命令，选择椭圆裁剪的边线作为修补边界，选择上一步创建的草图为约束曲线，创建填充曲面，如图10-67所示。

（11）单击 *DS SOLIDWORKS* 旁边的▶符号，在菜单栏中选择"插入"→"曲面"→"缝合曲面"命令，选择所有曲面，单击"确定"按钮，将所有曲面缝合。

（12）在命令按钮栏中单击"圆角"按钮，在缝合曲面上创建圆角（$R1.5mm$），如图10-68所示。

（13）单击 **DS SOLIDWORKS ▸** 旁边的▶符号，在菜单栏中选择"插入"→"凸台/基体"→"加厚"命令，选择放样曲面，在"加厚"属性管理器中将"厚度" 设为1mm。

（14）单击"确定"按钮✓，将曲面加厚成实体。

（15）按住鼠标中键，翻转实体后，如图10-69所示。

图10-67　创建填充曲面　　　　　图10-68　创建圆角曲面　　　　图10-69　将曲面加厚成实体

提示：如果曲面加厚失败，请调整圆角的大小和加厚曲面的厚度。

7. 创建圆柱

（1）选择实体的底面，在弹出的快捷按钮框中单击"正视于"按钮 ，再次选择实体底面，在弹出的快捷按钮框中单击"草图绘制"按钮 ，以原点为圆心绘制一个圆（φ10mm），如图10-70所示。

（2）在标签栏中单击"特征"标签，再在命令按钮栏中单击"拉伸凸台/基体"按钮 ，在"凸台-拉伸"属性管理器中，单击"反向"按钮 ，使箭头朝向产品，将"方向1（1）"设为"成形到下一面"选项，选择"合并结果"复选框，将"拔模"角度设为2°。

（3）单击"确定"按钮✓，创建一个圆凸台，如图10-71所示。

（4）在标签栏中单击"特征"标签，再在命令按钮栏中单击"异型孔向导"按钮 ，在弹出的"孔规格"属性管理器中单击"类型"标签 类型，在"孔类型"栏中选择"直螺纹孔"选项 ，在"标准"栏中选择ISO选项，在"类型"栏中选择"底部螺纹孔"选项，在"孔规格大小"栏中选择M6，在"终止条件"栏中选择"给定深度"，将"深度"设为15mm，在"螺纹线"栏中选择"给定深度"，将"深度"设为12mm。

（5）在"孔规格"属性管理器中单击"位置"标签 位置，选择圆凸台的圆心，形成一个暂时孔，暂时孔的颜色呈黄色。

（6）单击"点"按钮 ，使"点"按钮的底色呈白色，即可终止继续创建孔。

（7）单击"确定"按钮✓，创建一个螺纹孔，如图10-72所示。

图10-70　绘制圆　　　　　　图10-71　创建圆凸台　　　　　图10-72　创建圆孔

10.5 设计洗发水瓶

设计洗发水瓶，如图10-73所示。

图10-73 洗发水瓶效果图

1. 绘制草图1

（1）单击"新建"按钮，弹出"新建SolidWorks文件"对话框，单击"零件"按钮，进入创建零件环境。

（2）在设计树中选择前视基准面，在标签栏中单击"草图"标签，再在命令按钮栏中单击"直线"按钮，经过原点绘制一条竖直线，如图10-74所示。

（3）单击"退出草图"按钮，绘制草图1。

2. 绘制草图2

（1）再次选择前视基准面，在弹出的快捷按钮框中单击"草图绘制"按钮，绘制3段圆弧，其中半径为$R45$mm圆弧的圆心、上端点与草图1的端点水平，半径为$R60$mm圆弧的端点与原点水平，如图10-75所示。

（2）单击"退出草图"按钮，绘制草图2。

3. 绘制草图3

（1）在设计树中选择右视基准面，在弹出的快捷按钮框中单击"正视于"按钮，再次选择右视基准面，在弹出的快捷按钮框中单击"草图绘制"按钮，绘制一段圆弧，如图10-76所示。

（2）单击"退出草图"按钮，绘制草图3。

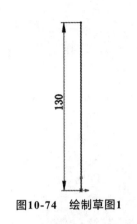

图10-74 绘制草图1

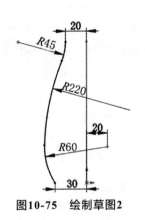

图10-75 绘制草图2

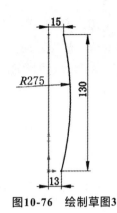

图10-76 绘制草图3

4. 绘制草图4

（1）在设计树中选择上视基准面，在弹出的快捷按钮框中单击"草图绘制"按钮，按住鼠标中键，调整视角后，再以原点为中心绘制一个椭圆，椭圆长轴和短轴的端点分别与草图2和草图3的端点重合，如图10-77所示。

（2）单击"退出草图"按钮，绘制草图4。

5. 创建扫描实体

（1）在标签栏中单击"特征"标签，再在命令按钮栏中单击"扫描"按钮，弹出"扫描"属性管理器，在"轮廓和路径"栏中选择"草图轮廓"单选按钮，选择草图4为扫描截面，选择草图1为扫描路径，选择草图2和草图3作为引导线，如图10-78所示。

（2）单击"确定"按钮，创建扫描实体，如图10-79所示。

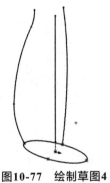

图10-77 绘制草图4

图10-78 设置扫描参数

图10-79 创建扫描实体

6. 创建瓶身侧面特征

（1）选择前视基准面，在弹出的快捷按钮框中单击"正视于"按钮，再次选择前视基准面，在弹出的快捷按钮框中单击"草图绘制"按钮，绘制一个椭圆，如图10-80所示。

（2）在标签栏中单击"特征"标签，再在命令按钮栏中单击"拉伸切除"按钮，弹出"拉伸-切除"属性管理器，在"从"栏中选择"等距"选项，将"距离"设为30mm，在"方向1（1）"栏中选择"到离指定面指定的距离"选项，选择瓶身，将"等距距离"设为1mm，选择"反向等距"复选框，如图10-81所示。

（3）单击"确定"按钮，在瓶身上切出一个椭圆坑，如图10-82所示。

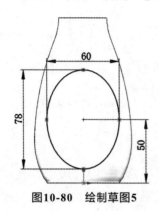
图10-80 绘制草图5

图10-81 设置切除参数

图10-82 在瓶身上切出椭圆坑

7. 创建镜像

（1）在标签栏中单击"特征"标签，再在命令按钮栏中单击"镜像"按钮，在弹出的"镜像"属性管理器中单击"设计树"按钮，在属性管理器右侧显示设计树。

（2）在设计树中选择前视基准面为镜像面，选择上一步创建的椭圆坑为要镜像的特征。

（3）单击"确定"按钮，在瓶身的另一侧创建椭圆坑，如图10-83所示。

8. 创建圆顶特征

（1）单击 SOLIDWORKS 旁边的▶符号，在菜单栏中选择"插入"→"特征"→"圆顶"命令。

（2）选择瓶底的平面，在"圆顶"属性管理器的"距离"栏中输入3mm，再单击"反向"，所生成的圆顶向内凹，如图10-84所示。

（3）单击"确定"按钮，创建圆顶特征，如图10-85所示。

图10-83 镜像椭圆坑

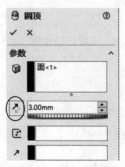
图10-84 设置圆顶参数

图10-85 创建圆顶特征

9．在瓶口创建拉伸凸台

（1）选择瓶子上表面，在弹出的快捷按钮框中单击"草图绘制"按钮 🖉，再单击"转换实体引用"按钮 🗗。

（2）选择瓶口的边线，单击"确定"按钮 ✓，将瓶口的边线转换成草图。

（3）在标签栏中单击"特征"标签，再在命令按钮栏中单击"拉伸凸台/基体"按钮 🗐，弹出 "凸台-拉伸"属性管理，将"方向1（1）"设为"给定深度"，"深度" 🗞 设为3mm。

（4）单击"确定"按钮 ✓，在瓶口创建一个拉伸凸台，如图10-86所示。

10．创建瓶口特征

（1）再次选择瓶子上表面，在弹出的快捷按钮框中单击"草图绘制"按钮 🖉，以原点为圆心，绘制一个圆（ϕ22mm），如图10-87所示。

（2）在标签栏中单击"特征"标签，再在命令按钮栏中单击"拉伸凸台/基体"按钮 🗐，弹出"凸台-拉伸"属性管理，将"方向1（1）"设为"给定深度"，"深度" 🗞 设为20mm。

（3）单击"确定"按钮 ✓，在瓶口创建一个圆柱，如图10-88所示。

（4）在标签栏中单击"特征"标签，再在命令按钮栏中单击"抽壳"按钮 🗐，在"抽壳"属性管理器中将"厚度" 🗞 设为3.0mm，选择圆柱的端面，单击"确定"按钮 ✓，创建抽壳特征，如图10-89所示。

图10-86　创建瓶口拉伸凸台　　　图10-87　绘制圆　　　图10-88　在瓶口创建圆柱　　　图10-89　创建抽壳

11．创建螺纹

（1）选择圆柱的上端面，在弹出的快捷按钮框中单击"草图绘制"按钮 🖉，再单击"转换实体引用"按钮 🗗。

（2）直接单击"确定"按钮 ✓，将圆柱端面的外边线转换成草图圆。

（提示，在SolidWorks 2021中，系统自动选择圆柱的边线，可以直接单击"确定"按钮 ✓。）

（3）在标签栏中单击"特征"标签，再在命令按钮栏中单击"曲线"工具栏中的

"螺旋线/涡状线"按钮，如图10-90所示。

（4）在"螺旋线/涡状线"属性管理器中，在"参数"栏中选择"螺距和圈数"选项，在"参数"栏中选择"可变螺距"单选按钮，在"区域参数"栏中设置可变螺距的参数，选择"反向"复选框，单击"顺时针"单选按钮，将"起始角度"设为0°，如图10-91所示。

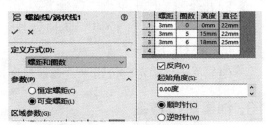

图10-90　单击"螺旋线/涡状线"按钮　　　　　　图10-91　设定螺旋线参数

（5）单击"确定"按钮✓，创建螺旋线，如图10-92所示。

（6）选择右视基准面，在弹出的快捷按钮框中单击"正视于"按钮，再次选择右视基准面，在弹出的快捷按钮框中单击"草图绘制"按钮，绘制一个等边三角形（边长为2.5mm），其中将等边三角形的竖直边与螺杆的圆柱面边线设为共线，如图10-93所示。

（7）单击"退出草图"按钮，创建等边三角形。

（8）在标签栏中单击"特征"标签，再在命令按钮栏中单击"扫描切除"按钮，选择三角形草图为扫描截面，选择螺旋线为扫描路径，单击"确定"按钮✓，创建螺纹，如图10-94所示。

图10-92　创建螺旋线　　　图10-93　绘制一个等边三角形　　　图10-94　创建螺纹

10.6　小结

本章综合运用SolidWorks 2021的命令，设计了几个复杂的产品，有兴趣的读者可反复练习几遍，然后慢慢体会设计过程。在工作中多与同事、同行交流，才会在工作中得心应手。

10.7 作业

绘制如图10-95所示的产品图。

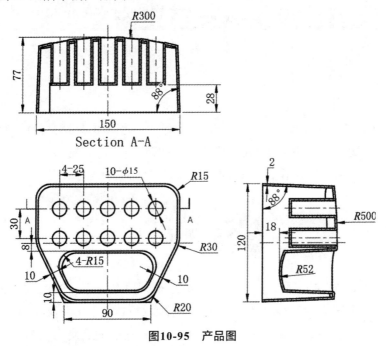

图10-95 产品图

第11章
SolidWorks 第三方插件简介

SolidWorks 2021的图库中只含有少量的标准件，更多的标准件3D模型由第三方插件提供。第三方插件是指由SolidWorks软件公司以外的公司开发的插件，需要从网站下载这些插件的安装包，经安装后，在SolidWorks的界面中将会出现这些插件的图标。

11.1 凯元工具

凯元工具（KYTool）（http://www.sw800.cn/）是专门用于SolidWorks的插件，主要包括批量自动出图、批量处理属性、钣金批量导CAD、导出各种BOM、设计齿轮链轮、标准件库等三十多个功能，并且每年都以10个新功能的速度升级完善，使用凯元工具插件可以有效提高SolidWorks设计师的工作效率。

11.2 今日制造

今日制造（http://www.maidiyun.com/download/softInfo.aspx?id=1）是迈迪信息技术有限公司开发的一款三维设计工具，丰富的三维设计工具，含有海量资源模型。

11.3 沐风工具箱

沐风工具箱（https://www.mfcad.com/plus/list.php?tid=1790）是沐风网全新推出的一款优秀的SolidWorks设计插件产品，主要包括二十多个大功能，其中包括齿轮设计工具、链轮设计工具、标准件库、工程图批量转换工具、钣金转换工具、BOM工具、批量自动出图工具、公差查询标注工具、弹簧设计工具、机床夹具库、组合夹具库、法兰库、模架库、石化管件库、属性批量修改、随机上色工具等功能；并且后期会持续更新更多实用功能。

11.4 ▶ 齿轮插件

GearTrax齿轮插件（https://www.solidworks.com/zh-hans/partner-product/geartrax）是一款非常实用的齿轮设计插件，主要配合SolidWorks使用，具有直观、简单、强大的特点，软件包含SolidWorks、invertor、soliedge三个版本，可轻松制作出齿轮大小、齿高、大直径、小直径等信息。GearTrax支持创建驱动元件的实体模型，包括齿轮、斜齿轮、直齿锥和渐开线花键等。用于精确齿轮的自动设计和齿轮副的设计，通过指定齿轮类型、齿轮的模数和齿数、压力角以及其他相关参数，创建齿轮、皮带轮、斜齿轮、涡轮、蜗杆、花键、伞齿轮等模型。

11.5 ▶ "今日制造"插件安装教程

安装步骤如下。

（1）先安装SolidWorks 2021，再安装"今日制造"插件。

（2）启动"今日制造"，先单击"主菜单"按钮，再单击"设置"按钮，然后选择"安装SOLIDWORKS插件"，按①②③顺序选择，如图11-1所示。

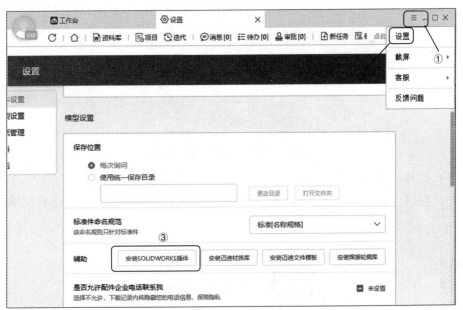

图11-1　选择"安装SOLIDWORKS插件"选项

（3）启动SolidWorks，单击 ＤＳ SOLIDWORKS 旁边的▶符号，在菜单栏中选择"工具"→"插件"命令，如图11-2所示。

图11-2　选择"插件"命令

（4）在弹出的"插件"对话框中拖动右边的滑条，再选择"今日制造"选项，如图11-3所示。

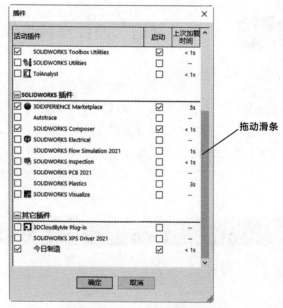

图11-3　选择"今日制造"选项

（5）单击"确定"按钮，即完成安装"今日制造"插件。

（6）重启计算机后，重启SolidWorks软件，其界面中将会显示"今日制造"插件的按钮。

11.6 ▶ 创建链轮链条

以凯元工具插件为例，详细介绍链轮链条的创建过程。

1. 创建链轮1、链轮2、内链节、外链节

（1）先启动SolidWorks 2021，再单击"新建"按钮 ▯，进入建模环境。

（2）在工作区上方单击KYTool选项，再单击"链轮设计"按钮，如图11-4所示。

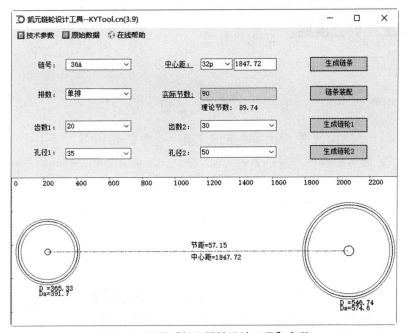

图11-4　单击KYTool选项

（3）弹出"凯元链轮设计工具"窗口，将"链号"设为36A，"中心距"设为32p（系统自动算出中心距为1847.72mm），"排数"设为"单排"，"齿数1"为20，"齿数2"为30，"孔径1"为35mm，"孔径2"为50mm，如图11-5所示。（备注："实际节数"和"理论节数"都是系统自动算出，这里不需要设计人员设置。）

图11-5　设置"凯元链轮设计工具"参数

（4）单击"生成链轮1"按钮，系统自动生成链轮1的图档，单击"保存"按钮 ▦，再单击"重建并保存文档（推荐）"按钮，如图11-6所示。

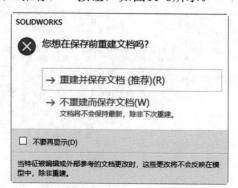

图11-6　单击"重建并保存文档（推荐）"按钮

（5）采用相同的方法，单击"链条装配""生成链轮2"按钮，系统自动创建链轮1、链轮2、内链节、外链节，如图11-7所示。

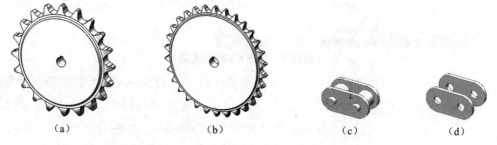

　　（a）　　　　　　　（b）　　　　　　　（c）　　　　　　（d）

图11-7　生成链轮1、链轮2、内链节、外链节

2. 在链轮上绘制分度圆

链轮分度圆直径的计算公式为：

$$d = \frac{p}{\sin \dfrac{180}{z}}$$

式中，d为分度圆直径，p为链条的节距，z为链轮齿数。在本例中的节距为57.15mm，经计算两个链轮分度圆直径分别为365.329mm和546.741mm。

（1）打开"单排链轮36A-20"文档，在屏幕左侧的设计树中选择Right，在弹出的快捷按钮框中单击"正视于"按钮。

（2）再次选择Right，在弹出的快捷按钮框中单击"草图绘制"按钮，再在弹出的快捷菜单栏中单击"圆"按钮，以原点为圆心，绘制一个圆，直径为365.329mm，如图11-8所示。

（3）单击"退出草图"按钮，在"单排链轮36A-20"图上绘制分度圆。

（4）采用相同的方法，在"单排链轮36A-30"图上绘制分度圆，分度圆直径为546.741m，如图11-9所示。

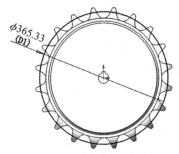

图11-8　在链轮1上绘制分度圆

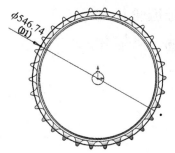

图11-9　在链轮2上绘制分度圆

3. 在链节上绘制两销之间的连线

（1）打开"内链节"文档，在屏幕左侧的设计树中选择Front，在弹出的快捷按钮框中单击"正视于"按钮 。

（2）再次选择Front，在弹出的快捷按钮框中单击"草图绘制"按钮 ，再在弹出的快捷菜单栏中单击"直线"按钮 ，任意绘制一条直线，如图11-10所示。

（3）按住直线的端点，先拖到圆边线上，如图11-11所示。

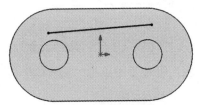

图11-10　绘制任意直线

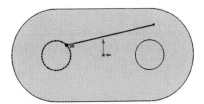

图11-11　先拖到圆边线上

（4）将会出现圆的圆心，再拖到圆心位置，如图11-12所示。

（5）采用相同的方法，将直线的另一个端点也拖到另一个圆心上，如图11-13所示。

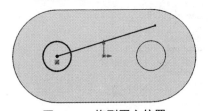

图11-12　拖到圆心位置

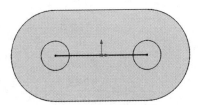

图11-13　将另一个端点拖到另一个圆心

（6）单击"退出草图"按钮 ，在链节上绘制两销中心线之间的连线，如图11-14所示。

图11-14　绘制两销之间的连线

4．装配链轮1

（1）单击"新建"按钮，弹出"新建SolidWorks文件"对话框，单击"装配体"按钮。单击"确定"按钮，进入装配环境。

（2）在"装配"属性管理器中单击"浏览"按钮，选择"单排链轮36A-30"文档。

（3）在绘图区中选择任意点，将"单排链轮36A-30"零件放在绘图区中的任意位置，此时屏幕左边的工具条中，在"单排链轮36A-30"前有"固定"字样，如图11-15所示。

（4）选择"（固定）单排链轮36A-30"，右击，在弹出的快捷菜单中选择"浮动"命令，如图11-16所示。

图11-15 "单排链轮36A-30"前有"固定"字样　　**图11-16 选择"浮动"命令**

（5）单击"配合"按钮，在弹出的"配合"属性管理器中单击"装配体"按钮，在"配合"属性管理器的右边弹出设计树。

（6）选择Right和右视基准面重合，如图11-17所示。

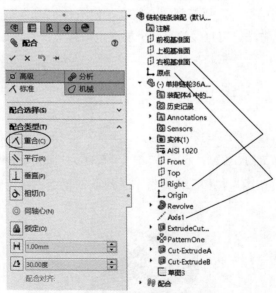

图11-17 选择Right和右视基准面重合，选择链轮的轴和原点重合

（7）单击"确定"按钮，完成第一个装配。

（8）采用相同的方法，选择链轮的轴和原点重合，如图11-17所示。

（9）装配完成之后，在"单排链轮36A-30"前有"（-）"字样，如图11-18所示。表示该零件为浮动状态，可以运动。按住该链轮拖动鼠标，该链轮可以旋转。

5．装配链轮2

（1）在标签栏中单击"装配体"标签，再在命令按钮栏中单击"插入零部件"按钮。

（2）在"装配"属性管理器中单击"浏览"按钮，选择"单排链轮36A-20"文档。

（3）选择合适的位置暂时放置该零件，如图11-19所示。

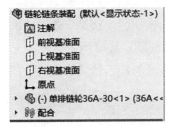

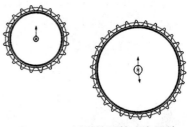

图11-18　在"单排链轮36A-30"前有"（-）"字样　　　**图11-19　暂时放置第二个零件**

（4）单击"配合"按钮，在弹出的"配合"属性管理器中单击"装配体"按钮，在"配合"属性管理器的右边弹出模型树。

（5）选择Right和右视基准面重合，如图11-20所示。

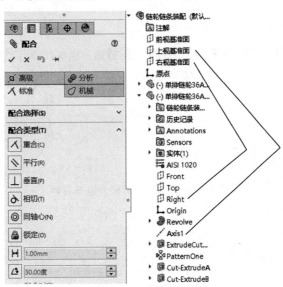

图11-20　选择Right和右视基准面重合，选择链轮的轴和上视基准面重合

（6）单击"确定"按钮，完成第一个装配。

（7）采用相同的方法，选择链轮的轴和上视基准面重合，如图11-20所示。

（8）采用相同的方法，选择两个链轮的轴之间的距离为1847.72mm，如图11-21所示（注意：中心距的大小在图11-5中由系统自动算出）。此时按住小链轮拖动鼠标，小链轮可以旋转。

图11-21　装配两个链轮

6．装配链条

（1）选择右视基准面，在弹出的快捷按钮框中单击"正视于"按钮 ，再次选择右视基准面，在弹出的快捷按钮框中单击"草图绘制"按钮 ，绘制一条封闭的曲线，如图11-22所示。绘制方法是：单击"转换实体引用"按钮 ，选择两个链轮的分度圆，再绘制两条切线，然后单击"裁剪实体"按钮 ，删除多余的线，使其成为闭合的曲线。

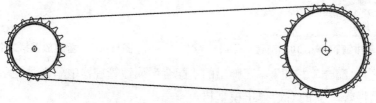

图11-22　绘制一条封闭的曲线

（2）在标签栏中单击"装配体"标签，再在命令按钮栏中单击"插入零部件"按钮，在"装配"属性管理器中单击"浏览"按钮，选择"内链节"和"外链节"文档。

（3）单击"打开"按钮，选择合适的位置暂时放置内链节和外链节零件，如图11-23所示。

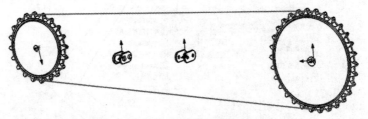

图11-23　插入内链节和外链节零件

（4）选择"链零部件阵列"命令，如图11-24所示。

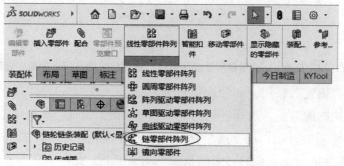

图11-24　选择"链零部件阵列"命令

（5）在弹出的"链阵列"属性管理器中，在"搭接方式"栏中单击"相连链接"按钮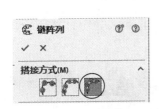，如图11-25所示。

（6）单击"链路径"显示框，将鼠标放在图11-22所绘制的曲线上，右击，在弹出的快捷菜单中选择"选择其他"命令，如图11-26所示。

（7）在弹出的窗口中选择"草图4@链轮链条装配"选项，如图11-27所示，用这种方法可以选择图11-22所绘制的曲线为链路径。

图11-25　单击"相连链接"按钮

图11-26　选择"选择其他"命令

图11-27　选择"草图4@链轮链条装配"

（8）单击"链组1（1）"显示框，选择内链节，选择图11-14所绘制直线的两个端点为路径链接1和路径链接2，选择内链节的Front面为路径对齐平面，如图11-28所示。

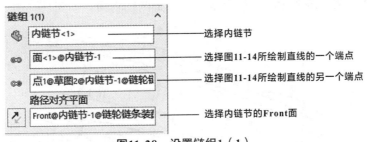

图11-28　设置链组1（1）

（9）选择"链组2（2）"复选框，单击"链组2（2）"显示框，选择外链节，按内链节的方法进行设置。

（10）先选择"填充路径"复选框，显示"阵列个数"为44，但此时链条断开，没有连接。

（11）取消选择"填充路径"复选框，再将阵列个数改为45，如图11-29所示。

（12）在"链阵列"属性管理器的最下方，将"选项"设为"动态"，如图11-30所示。（备注，设为动态的作用是链条可以按图11-22所绘制的路径进行仿真运动。）

图11-29　将阵列个数改为45

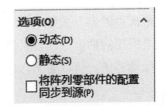

图11-30　将"选项"设为"动态"

（13）单击"确定"按钮 ✓，创建链条，如图11-31所示。

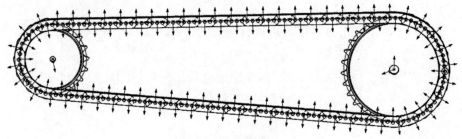

图11-31　创建链条

（14）在绘图区上方的工具条中单击"隐藏所有类型"按钮 ◉ ，如图11-32所示，即可隐藏链条上的箭头。

图11-32　单击"隐藏所有类型"按钮

7. 设置链轮与链条啮合

（1）显示链轮的分度圆以及图11-14所绘制的内链节两销之间的连线。

（2）拖动链条，将链轮的轮齿调整到内链节两销之间，如图11-33所示。

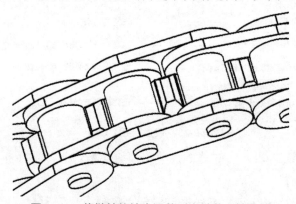

图11-33　将链轮的轮齿调整到内链节两销之间

（3）单击"配合"按钮 ◈ ，在弹出的"配合"属性管理器中单击"机械"按钮，在"配合选择"中选择"齿条小齿轮"选项。

（4）选择图11-14所绘制的内链节两销之间的连线为齿条，选择链轮的分度圆为齿轮，如图11-34所示。

（5）单击"确定"按钮 ✓，设置链轮与链条之间的啮合。

（6）采用相同的方法，设置另一个链轮与链条之间的啮合。

（7）拖动链条，可以看到，链轮跟随链条一起运动。

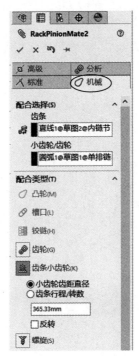

图11-34　设置机械配合参数